Mosaik bei
GOLDMANN

Buch

Lappen weg? Damit steht man in Deutschland nicht allein da. Jedes Jahr nehmen rund 105 000 Bundesbürger an der medizinisch-psychologischen Untersuchung teil, um ihren Führerschein wiederzubekommen. Häufigster Auslöser für den Führerscheinentzug ist immer noch Alkohol am Steuer, doch auch Drogen- oder Punkteauffällige stellen mittlerweile eine stattliche Zahl unter den MPU-Teilnehmern.

Seit 1992 bietet der »Testknacker« erste Hilfe für alle, die sich der MPU stellen müssen, und hat sich längst vom Geheimtipp zum Standardwerk gemausert: Auf den neuesten Stand gebracht informiert der »Testknacker« über Ablauf und Inhalt der MPU, klärt auf über Sach- und Rechtslage, gibt praktische Verhaltenstipps und Argumentationshilfen und informiert über Nachschulungskurse. Damit die Fahrt bald weitergehen kann!

Autor

Thomas Wagenpfeil ist Diplompsychologe und bei TÜV SÜD tätig. Er hat den ersten umfassenden Film zur MPU produziert (www.tuev-sued.de/mpu-film).

Thomas Wagenpfeil

Der Testknacker bei Führerscheinverlust

Rechtslage

Ablauf des Verfahrens

Vorbereitung auf die
medizinisch-psychologische
Untersuchung

Alle Ratschläge und Hinweise in diesem Buch wurden vom Autor und vom Verlag sorgfältig erwogen und geprüft. Eine Garantie kann dennoch nicht übernommen werden. Eine Haftung des Autors beziehungsweise des Verlags für Personen-, Sach- und Vermögensschäden ist daher ausgeschlossen.

FSC

Mix

Produktgruppe aus vorbildlich
bewirtschafteten Wäldern und
anderen kontrollierten Herkünften

Zert.-Nr. SGS-COC-1940
www.fsc.org
© 1996 Forest Stewardship Council

Verlagsgruppe Random House FSC-DEU-0100
Das für dieses Buch verwendete FSC-zertifizierte Papier *Munken Print* liefert
Arctic Paper Munkedals AB, Schweden.

9. Auflage
Komplett aktualisierte Ausgabe, Februar 2008
Wilhelm Goldmann Verlag, München,
in der Verlagsgruppe Random House GmbH
© 1992/2001 Falken Verlag
Umschlaggestaltung: Design Team München
Umschlagmotiv: Danilo Lex
Satz: Uhl + Massopust, Aalen
Druck und Bindung: GGP Media GmbH, Pößneck
WR · Herstellung: Han
Printed in Germany
ISBN 978-3-442-16601-5

www.mosaik-goldmann.de

Inhalt

Danksagung

Für die Unterstützung bei der Erstellung der 8. überarbeiteten Auflage des »Testknacker« dankt der Autor insbesondere Sylvia Dietrich, Kerstin Eisenschmid, Claudia Takatsch, Doris Stengl-Herrmann, Adalbert Allhoff-Cramer, Jürgen Brenner-Hartmann, Gerhard Laub, Norbert Sepeur sowie vielen anderen Kollegen, Mitarbeitern von Führerscheinstellen und last but not least vielen Lesern, die mit ihren Rückmeldungen wertvolle Anregungen gegeben haben.

Vorwort

Herzlichen Glückwunsch! Sie haben den ersten und wichtigsten Schritt auf dem Weg zu Ihrem neuen Führerschein schon gemacht: Sie haben angefangen, sich gründlich, genau und »aus erster Hand« über die MPU zu informieren.

Mehr als 100 000 Autofahrer stehen jedes Jahr vor einer MPU, und viele davon wissen bis zum Schluss nicht, was sie dort erwartet und wie sie ein günstiges Ergebnis erzielen können. Viele MPU-Kandidaten beziehen ihre Informationen zur Vorbereitung aus Stammtischweisheiten und Gerüchten, aus gelegentlichen Horrormeldungen in der Presse und aus bewusster Panikmache bestimmter Kreise. Viele stecken einfach den Kopf in den Sand. All das kann nur schiefgehen. Eine Chance bei der MPU hat nur der, der Bescheid weiß über Hintergründe und Ablauf der Untersuchung und über die Möglichkeiten, sich vorzubereiten. Dieses Wissen vermitteln nur wenige Experten, die selbst auf diesem Gebiet beruflich tätig sind.

Der »Testknacker« war bei seinem Erscheinen vor über zehn Jahren das erste Buch zur MPU, das von einem aktiv tätigen Gutachter verfasst worden ist. Trotz seines Titels, der viele irritiert hat und immer noch irritiert, ist und bleibt der »Testknacker« das beste Buch zum Thema. Der Autor ist ein psychologischer Gutachter mit einem enormen praktischen Erfahrungsschatz. Als Gutachter in vielen tausend Fällen kennt er nicht nur das gesamte Repertoire der Untersuchungsfragen und -methoden. Er kennt vor allem auch alle Möglichkeiten, wie Sie sich in der Untersuchung selbst ein Bein stellen können – und warnt Sie davor. Hier erhalten Sie Gutachterwissen wirklich aus erster Hand und für jedermann verständlich auf den Punkt gebracht. Sein unnachahmlich direkter, anekdotenreicher Stil macht das Buch darüber hinaus – trotz des ernsten Themas – durchaus zu einem Lesevergnügen.

Es war daher eine leichte Entscheidung, als es um die Frage ging, an welchem Buch TÜV SÜD sich beteiligen sollte. Ergänzungen wurden vor allem dort eingebracht, wo es um Themen wie Sperrzeitverkürzung oder Vorbereitungsmaßnahmen auf die MPU und die Nachschulungskurse ging. Damit tragen wir der Tatsache Rechnung, dass es immer mehr und bessere Möglichkeiten gibt, bereits vor der MPU aktiv zu werden und für einen schnelleren und sichereren Wiedererhalt des Führerscheins zu sorgen. Selbstverständlich wurden sämtliche Inhalte des Buches dabei auf den allerneuesten Stand der aktuellen Gesetzes- und Verordnungslage gebracht.

Und noch etwas ist neu: Zusätzlich zum bereits früher enthaltenen Kapitel über Drogen findet sich jetzt auch ein Abschnitt über die MPU für diejenigen, die ihr Punktekonto in Flensburg überzogen haben. Damit sind alle wichtigen Themen rund um die MPU in diesem Buch vereint. Dennoch ist der »Testknacker« kein Test-Knacker. Die entscheidenden Voraussetzungen für Ihre positive MPU müssen Sie letztlich selbst schaffen. Aber dieses Buch zeigt Ihnen den Weg dorthin und will vor allem eines: Ihnen Mut machen. Packen Sie's an, nehmen Sie Ihre »Führerscheinzukunft« selbst in die Hand. Sie schaffen das!

Ein Wort noch zum Aufbau des Buches: Man sieht es dem »Testknacker« immer noch an, dass er ursprünglich ausschließlich für die Alkoholfahrer geschrieben wurde, dass das Kapitel über Drogen im Straßenverkehr (vor einigen Jahren schon) und über die verkehrsrechtlich aufgefallenen Autofahrer (mit dieser Neuauflage) erst später hinzugekommen sind.

Alles, was für die MPU im Allgemeinen wichtig ist, finden Sie in den ersten drei Kapiteln des Buches, hier allerdings (fast) immer auf die Alkoholproblematik bezogen. Sie sollten diese Kapitel also auch dann sehr aufmerksam durchlesen, wenn das Thema »Alkohol« bei Ihrer MPU überhaupt keine Rolle spielen wird.

München, im Juli 2003   *Thomas Wagenpfeil*

Vorwort zur 4. Auflage
Als wir den »Testknacker« im Dezember 2003 erstmals neu aufgelegt haben, hätten wir uns den Erfolg, den das Buch innerhalb kürzester Zeit haben würde, nicht träumen lassen: Innerhalb weniger Monate waren eine zweite und dritte Auflage so schnell erforderlich geworden, dass uns keine Zeit blieb, Aktualisierungen vorzunehmen. Dies haben wir mit der nun vorliegenden vierten Auflage nachgeholt. Wir wünschen auch weiterhin allen Lesern, dass Ihnen das Buch hilft, Ihren Führerschein wiederzuerlangen und allezeit sicher und mobil unterwegs zu sein. Und auch in Zukunft freuen wir uns über alle Zuschriften von Lesern, die uns erreichen – wir stehen mit unserem Rat gerne zu Verfügung.

München, im März 2005   *Thomas Wagenpfeil*

Vorwort zur 8. Auflage
Auch in Sachen MPU und Führerschein bleibt die Zeit nicht stehen, es tut sich was – und der »Testknacker« bleibt dabei natürlich aktuell. Genannt sei zum Beispiel die Einführung der 0,0-Promille-Grenze für junge Fahranfänger, die in der vorliegenden Ausgabe bereits berücksichtigt werden konnte. In den

umfangreichen Überarbeitungen und Aktualisierungen wird außerdem ein neuartiges Verfahren zum Nachweis von Alkoholabstinenz vorgestellt – sehr hilfreich für viele, die wegen Alkohol zur MPU müssen. Die wachsende Zahl von Drogenauffälligen wird das erweitere Drogenkapitel zu schätzen wissen, und für »Punktesünder« gibt es ein völlig neues Kapitel zu den Möglichkeiten des Punkteabbaus. Dies und vieles mehr trägt dazu bei, dass der »Testknacker« das bleibt, wofür ihn jährlich viele tausende Leser schätzen: eine aktuelle und zuverlässige Quelle für verständliche Informationen und praktische Ratschläge zu MPU und Führerschein.

München, im August 2007 *Thomas Wagenpfeil*

I Mein Führerschein ist weg

Damals, als Sie Ihren Führerschein gemacht haben – ob das nun vor kurzem war oder vor vielen Jahren –, war alles noch ganz einfach gewesen: Die einzige Schwierigkeit, die Sie zu meistern hatten, war das Erlernen der Verkehrsregeln und der Erwerb der nötigen fahrtechnischen Fertigkeiten. Sie haben ein bisschen Theorie gepaukt, haben in zehn, 20 oder mehr Fahrstunden ausreichende Praxis erworben und haben dann – wahrscheinlich auf Anhieb – die Fahrprüfung bestanden. Dass Sie »charakterlich geeignet« sind »zum Führen eines Kraftfahrzeugs«, das hat niemand in Zweifel gezogen.

Dieser seinerzeit so leicht erworbene Führerschein
- ist jetzt weg, oder
- der Entzug des Führerscheins steht als ganz reale Drohung im Raum.

Die Polizei hat ihn eingezogen, weil Sie mit Alkohol oder Drogen, vielleicht auch mit unangepasstem oder gefährlichem Verhalten am Steuer aufgefallen sind; sei es, dass Sie in eine Routinekontrolle gekommen sind, sei es, dass Ihre Schlangenlinien Sie verraten haben oder dass Sie in einen Unfall verwickelt waren. Das Gericht hat gegen Sie eine Sperrfrist verhängt und eine fühlbare Geldstrafe kassiert.

Ein bitteres Schicksal, das Sie zwar nicht mit der Mehrheit der deutschen Autofahrer teilen, mit dem Sie aber auch nicht allein sind. Sie befinden sich in zahlreicher und fast ausschließlich männlicher Gesellschaft: Im Jahr 2006 wurden in Deutschland rund 132 000 Führerscheine entzogen, davon allein gut 85 000 wegen Verkehrsverstößen mit Alkohol oder anderen Drogen. Gerade einmal sieben Prozent dieser Führerscheinentzüge betreffen Frauen, obwohl Frauen über 40 Prozent der Führerscheininhaber ausmachen.

Als ob Geldstrafe, Gefängnisstrafe (hoffentlich auf Bewährung) und Führerscheinsperre nicht schon genug wären, teilt man Ihnen jetzt noch mit, man habe wegen Ihrer Auffälligkeit(en) im Verkehr Zweifel an Ihrer Fahreignung. Um diese Eignungszweifel auszuräumen, sei es notwendig, dass Sie sich einer »medizinisch-psychologischen Untersuchung« (MPU) bei einer amtlich anerkannten »Begutachtungsstelle für Fahreignung« (BfF) unterziehen. MPU, BfF – bei diesen Begriffen herrscht einiger, für Außenstehende manchmal nur schwer durchschaubarer Wirrwarr. MPU kann nämlich auch medizinisch-psychologische Untersuchungsstelle heißen und meint dann das Gleiche wie das Kürzel BfF. Oder man sagt gleich MPI und meint »medizinisch-psychologisches Institut«.

In diesem Ratgeber hält sich der Wirrwarr in Grenzen. MPU steht für medizinisch-psychologische Untersuchung. BfF soll Begutachtungsstelle für Fahreignung heißen. Irgendwelche Abweichungen sind gesondert gekennzeichnet.

Träger solcher Begutachtungsstellen für Fahreignung waren einst fast ausschließlich die Technischen Überwachungsvereine (TÜV), die damit lange Zeit praktisch eine Monopolstellung innehatten. Das lag daran, dass es der TÜV war, der ursprünglich mit diesen Fahreignungsbegutachtungen beauftragt wurde, diese dann entwickelt hat und logischerweise auch für lange Zeit die einzige Institution war, die das nötige Know-how hatte.

Inzwischen sind die Dinge in Bewegung gekommen, und seit dem 1. Januar 1999 ist klar geregelt, unter welchen Bedingungen eine BfF von der Bundesanstalt für Straßenwesen (BASt) akkreditiert, also amtlich anerkannt und zugelassen wird. Inzwischen hat man bundesweit die Wahl zwischen 19 verschiedenen Trägern von Begutachtungsstellen (Stand Juli 2007). Mit der Neufassung der Fahrerlaubnisverordnung (FeV) zum 1. Januar 1999 wurde auch erstmals ganz klar geregelt, unter welchen Umständen eine MPU anzuordnen ist. Wenn Ihnen also die Führerscheinstelle mit Fahreignungszweifeln und MPU kommt, handelt es sich keinesfalls um »Behördenwillkür«, sondern um die Anwendung geltenden Rechts.

Nun sind also Eignungszweifel bei Ihnen auszuräumen, amtlich formulierte Eignungszweifel: »Ist zu erwarten, dass Herr X auch künftig ein Kraftfahrzeug unter Alkoholeinfluss führen wird, und/oder liegen als Folge eines unkontrollierten Alkoholkonsums Beeinträchtigungen vor, die das sichere Führen eines Kraftfahrzeuges in Frage stellen?« So lautet die offizielle Fragestellung, wenn es um Trunkenheitsfahrten geht. Eignungszweifel – der behördliche Argwohn bereitet Ihnen einigen Verdruss. Besonders, wenn Sie nach einigem Herumhorchen erfahren, dass viele Kraftfahrer, die ebenso wie Sie Ihren Führerschein verloren haben, ihn nach Ablauf der Sperrfrist wiederbekommen – einfach so, ohne irgendwelche langwierigen und lästigen Untersuchungen.

1 Um meinen Führerschein muss ich kämpfen

Zum Ärger kommen sehr bald Befürchtungen, sobald Ihnen klar wird, dass eine solche MPU alles andere als eine (kostspielige) Formsache ist, denn man kann dabei tatsächlich durchfallen: Nur rund 45 Prozent der Untersuchten bekommen ein positives Gutachten und damit den begehrten Führerschein zurück.

Fallen also alle Übrigen, mithin mehr als die Hälfte, bei der MPU durch? So einfach ist die MPU-Rechnung nicht, da der MPU-Gutachter nicht nur zwei, sondern drei Entscheidungsalternativen hat:

- Er kann, wie gesagt, ein positives Gutachten schreiben, in dem er zu dem Schluss kommt, dass die Eignungsbedenken der Verwaltungsbehörde bei Ihnen als ausgeräumt gelten können, Sie also Ihren Führerschein wiederbekommen könnten. Dann ist alles für Sie in Ordnung, jedenfalls in dieser Hinsicht und fürs Erste.

- Der Gutachter kann jedoch auch zu einer negativen Beurteilung kommen und ein entsprechendes Gutachten verfassen, in dem es dann heißt, dass die Eignungsbedenken der Behörde nicht zerstreut werden konnten, dass vielmehr weiterhin zu erwarten sei, dass Sie wieder in gleicher Weise erheblich im Straßenverkehr auffallen werden – also zum Beispiel wieder unter Alkoholeinfluss ein Kraftfahrzeug führen werden. Dann ist guter Rat vielleicht nicht teuer, aber doch kostbar.

- Darüber hinaus kann Ihr Gutachten aber auch in eine »Kursempfehlung« münden: Der Gutachter ist der Überzeugung, dass momentan, zum Zeitpunkt der Begutachtung, die behördlichen Eignungsbedenken zwar weiter bestehen, dass diese Eignungsmängel sich jedoch im Rahmen eines »Kurses zur Wiederherstellung der Kraftfahreignung« beheben lassen.

Das ist einerseits schlecht für Sie, denn es bedeutet, dass Sie weitere Zeit verlieren, bis Sie endlich den Führerschein zurückerhalten, und außerdem noch einmal eine Stange Geld ausgeben müssen, denn so ein Kurs ist nicht gratis.

Andererseits ist es aber auch gut für Sie, denn die Zeit der Ungewissheit ist damit für Sie vorbei. Eine Kursempfehlung bedeutet nämlich, dass Sie nach dem Kurs – ohne weitere Überprüfung Ihrer Fahreignung – Ihren Führerschein wiederbekommen. Der Gesetzgeber sieht diese Möglichkeit deshalb ausdrücklich vor, weil bestimmte Kurse das Rückfallrisiko nachweislich senken. Dazu später mehr.

Die Chancen für Sie sind also gar nicht so schlecht, wie manche Horrormeldungen in den Medien Sie glauben machen wollen: Nur etwa 45 Prozent – das ist richtig – bekommen ein positives Gutachten. Aber immerhin weitere 15 bis 20 Prozent erhalten den Führerschein nach dem Abschluss eines solchen Nachschulungskurses wieder. Diese Möglichkeit der Kursteilnahme besteht seit langem schon für Trunkenheitsfahrer, seit einigen Jahren auch für die Punktesünder und – relativ neu – nun auch für Drogenauffällige. Dennoch bleiben knapp 40 Prozent übrig, die ihren Führerschein nicht wiedersehen.

Nie wieder?

Nein, so schlimm ist es auch nicht. Wenn 40 Prozent aller *Gutachten* negativ sind, heißt das nicht, dass auch 40 Prozent aller *Begutachteten* ihren Führerschein nie wieder bekommen.

So ein negatives Gutachten ist sicher ärgerlich, aber es ist nicht, dies schon jetzt als Trost gesagt, das Ende aller Wege. Weitere Untersuchungen stehen Ihnen frei, wir kommen im Kapitel *Das negative Gutachten* noch einmal ausführlich darauf zu sprechen.

Hartnäckigkeit siegt – in manchen Fällen: Eine MPU und noch eine MPU und dann wieder eine, das ist der plumpe, brachiale Weg, der vielleicht, aber beileibe nicht immer und zwangsläufig zum Ziel führt. Es leuchtet darüber hinaus auch ein, dass nicht jeder in beliebigem Umfang Zeit und Geld einsetzen kann, um irgendwann doch seinen Führerschein zurückzubekommen. Jeder Versuch, den Sie vergeblich machen, kostet Ihr Geld.

Zum einen deswegen, weil jeder Monat, den Ihr Führerschein entzogen bleibt, für Sie Einbußen an Lebensqualität und weitere Kosten mit sich bringt. Zum anderen bezahlen Sie für eine MPU je nach Untersuchungsanlass zwischen 340 und über 500 Euro. Kommen etwa zu einer Trunkenheitsfahrt noch andere gravierende Verkehrsverstöße hinzu (zum Beispiel Unfallflucht oder Fahren ohne Fahrerlaubnis), erhöht sich die Gebühr. Als Faustregel gilt: Je mehr Gründe die Behörde für Eignungszweifel hat, desto teurer wird die MPU für Sie.

Die Untersuchungsgebühren legen die Begutachtungsstellen nicht nach Gutdünken fest, sie werden vom Verkehrsministerium bundesweit in der »Gebührenordnung für Maßnahmen im Straßenverkehr (GebOSt)« festgelegt, sind also bei allen Anbietern gleich. Eine Liste der Gebühren für die wesentlichen Untersuchungsanlässe finden Sie im Anhang dieses Buches.

So gesehen, lohnt es sich für Sie auf jeden Fall, wenn Sie die bevorstehende Untersuchung nicht einfach tatenlos – und von sonnigem Optimismus erfüllt – auf sich zukommen lassen, sondern sich gründlich darauf vorbereiten. Die Erfahrung zeigt, dass unter denjenigen, die sich ernsthaft und gründlich mit ihrer Führerscheinproblematik und der MPU auseinandersetzen, die Erfolgsquote über 90 Prozent liegt. Dieser Ratgeber will Ihnen helfen, zu diesen Erfolgreichen zu gehören, Ihren Führerschein so schnell und kostengünstig wie möglich wiederzuerlangen – und zu behalten.

Die Empfehlungen stammen dabei nicht aus zweiter Hand, sondern sind in der Alltagspraxis gewachsen und von verkehrspsychologischen Experten zusammengetragen. Wer wie Thomas Wagenpfeil früher hunderte Untersuchungen durchgeführt, Gutachten selbst verfasst und sich dann jahrelang der Nachschulung und Vorbereitung auf die MPU gewidmet hat, der kennt die MPU sehr genau – und zwar von der anderen Seite des Schreibtisches aus. Von diesen praktischen Kenntnissen und Erfahrungen aus erster Hand sollen Sie profitieren.

Wir gehen systematisch vor

- Wir werden gemeinsam die Bedeutung jener Begriffe ergründen, mit denen Sie es bisher zu tun hatten oder noch zu tun haben werden.
- Wir schauen uns an, auf welcher Rechtsgrundlage das Verfahren für die Neuerteilung der Fahrerlaubnis beruht, in dem die MPU nur ein Baustein ist, wenn auch ein entscheidender.
- Wir wollen klären, wozu Sie verpflichtet sind und welche Rechte Sie haben.
- Wir werden uns ausführlich mit dem Ablauf einer solchen Untersuchung beschäftigen und schließlich den Weg zu ei-

nem positiven Gutachten herausarbeiten. Viele, auf den ersten Blick einleuchtende Strategien werden sich dabei als falsch erweisen. Bessere, erfolgversprechendere werden vorgestellt.

2 Meinen neuen Führerschein will ich behalten

Beim Schreiben eines solchen Ratgebers gibt es für den Autor ein vielleicht ansatzweise, niemals aber zufriedenstellend lösbares Problem: Jeder Hinweis, jeder Ratschlag, der Ihnen helfen soll, bei Ihnen noch vorhandene Eignungsmängel aufzuarbeiten und tatsächlich zu beseitigen, kann auch unliebsame Nebenwirkungen haben. Möglicherweise versetzt ein solcher Ratgeber einen hinreichend gewandten Menschen in die Lage, sich durch die Untersuchung zu mogeln, also durch geschicktes Argumentieren und angepasstes Wohlverhalten eine Fahreignung vorzutäuschen, die noch gar nicht vorhanden ist.

»Gönnen Sie doch diesem intelligenten Leidensgenossen«, werden Sie vielleicht einwenden, »den kleinen Triumph, die gar zu ›klugen‹ Psychologen ausgetrickst zu haben.« Vom sportlichen Standpunkt her – wer legt wen aufs Kreuz? – muss man Ihnen beipflichten. Aber hinter jedem – auf welche Weise auch immer – »erschlichenen« Führerschein lauert ein größeres Problem als der alte, eher spielerisch-heitere Kampf zwischen Schülern und Lehrern, ob der Pauker wohl merkt, dass die Hausaufgaben nur abgeschrieben sind. Unter den Führerscheinbewerbern, die bei einer MPU durchfallen, sind – das muss man klar und illusionslos sehen – eine Menge Menschen, die auch zum Zeitpunkt der Untersuchung noch eine erhebliche Gefahr im Straßenverkehr darstellen – eine Gefahr für sich und andere. Weil sie zum Beispiel weiterhin Probleme mit Alkohol oder Drogen haben; Menschen also, die aus dem bisher Geschehenen, etwa einer Trunkenheitsfahrt und ihren Folgen, (noch) nichts gelernt haben und die sich mit allgemeinen guten Vorsätzen wie »Das passiert mir nie wieder« oder »Nächstes Mal lasse ich das Auto bestimmt stehen« zufrieden geben.

Es wird Ihnen, bei allem Sportsgeist, vielleicht einleuchten, dass diese Menschen im Interesse der allgemeinen Verkehrssicherheit vom motorisierten Straßenverkehr ferngehalten werden sollten. Jeder, der mit Hilfe dieses Ratgebers nur deshalb durch die MPU kommt, weil er weiß, was der Psychologe (die Psychologin) hören will, weil er die richtigen Sprüche kennt (sonst aber nichts als die Sprüche), ist eine Gefahr – für sich selber und für die anderen Verkehrsteilnehmer. Jene Gründe, die zur ersten Trunkenheitsfahrt geführt haben, bestehen weiter, die Wahrscheinlichkeit neuerlicher Alkoholfahrten ist bei diesen Menschen sehr hoch.

Ganz abgesehen von den für jeden unmittelbar erkennbaren Gefahren für Leben, Gesundheit und Eigentum, die eine Fahrt unter Alkoholeinfluss – ob mit 0,5 Promille oder 2,8 Promille, ob entdeckt oder nicht – in sich birgt, ist eine erschlichene Führerschein-Wiedererteilung aber noch in anderer Hinsicht für den Kraftfahrer selbst riskant. Denn Sie wollen nicht nur jetzt Ihren Führerschein wiederhaben, sondern Sie denken weiter, Sie wollen diesen so mühsam zurückerkämpften Führerschein auch behalten, und zwar für immer. Auf die Gefahr hin, Sie jetzt ein wenig zu schockieren: Dieses letzte Ziel ist nicht einfach zu erreichen. Es ist der bei weitem schwierigste Teil der Übung.

Ihr guter Wille ist dabei natürlich unverzichtbar, ohne ihn geht gar nichts. Der gute Wille allein wird auf lange Sicht aber nicht ausreichen. Dieser Ratgeber zeigt Ihnen Wege auf, durch gezielte Einstellungs- und Verhaltensänderung weitere schwerwiegende Auffälligkeiten im Verkehr zu vermeiden und damit den Führerschein auch dauerhaft zu behalten.

3 Die medizinisch-psychologische Untersuchung

Wenn Sie zum vereinbarten Termin die Begutachtungsstelle für Fahreignung betreten, werden Sie vielleicht erstaunt sein, wie viele Menschen dort an einem einzigen Tag, an einem einzigen Untersuchungsort auf die Begutachtung ihrer Fahreignung warten. Sie rechnen Ihren Untersuchungsort auf ganz Deutschland, Ihren Untersuchungstag auf das ganze Jahr hoch, und Sie können kaum glauben, zu welchem Ergebnis Sie kommen. »So viele Alkoholsünder, das gibt es nicht«, denken Sie, und Sie haben Recht. So viele Alkoholsünder gibt es wirklich nicht.

Wer muss zu einer MPU?
Neben dem – so sagt der Fachmann – Untersuchungsanlass »Alkohol im Straßenverkehr« gibt es eine beachtliche Liste anderer Untersuchungsanlässe. Immer dann, wenn die Verwaltungsbehörde bei einem Inhaber einer Fahrerlaubnis (bzw. dem Bewerber um eine solche) Anlass hat, an dessen Fahreignung zu zweifeln, kann sie eine medizinisch-psychologische Untersuchung anordnen. Diese Zweifel können sich auf ein bestimmtes Fehlverhalten beziehen, aber auch auf körperliche oder seelische Krankheiten oder Behinderungen. Oder es bewirbt sich jemand um eine spezielle Fahrerlaubnis, mit der höhere Qualifikationen verbunden sind.

Welche Untersuchungsanlässe gibt es?
Der bekannteste, der eigentlich klassische Untersuchungsanlass, aus dem sich der offenbar unausrottbare Spitz- oder

Schimpfname der ganzen Einrichtung ableitet – nämlich »Idioten-Test« –, zielt auf den Prüfungsversager. Jenen armen, meist nur sehr nervösen Menschen also, der die theoretische oder praktische Führerscheinprüfung auch nach drei oder mehr Anläufen nicht geschafft hat. Dieser Untersuchungsanlass fällt heutzutage kaum noch ins Gewicht.

Wenn Sie eine Fahrerlaubnis zur Fahrgastbeförderung (Bus, Taxi) beantragen, müssen Sie ebenfalls ein Gutachten einer Begutachtungsstelle für Fahreignung beibringen; übrigens auch als Inhaber einer solchen Fahrerlaubnis, wenn Sie ein gewisses Alter überschritten haben und die Verlängerung (z. B. bei Bus über das 50. Lebensjahr hinaus) beantragen.

Oder ein junger Mensch, noch nicht 18 Jahre alt, braucht einen vorzeitigen Führerschein – auch er muss zur MPU.

Dazu kommen noch bestimmte körperliche oder geistig-seelische Gebrechen, die sich bei der motorisierten Verkehrsteilnahme gefährlich auswirken können – von Sehstörungen über körperliche Behinderungen oder Erkrankungen bis hin zu schweren psychischen Krankheiten. Dazu gehören zum Beispiel Psychosen, welche die Erkrankten unzurechnungsfähig machen. Bei solchen Erkrankungen kommt es normalerweise zunächst zu einem ärztlichen Gutachten, diesem folgt aber häufig zusätzlich eine MPU.

Allen bisher genannten Untersuchungsanlässen ist gemeinsam, dass sie – vereinfacht ausgedrückt – eine »abgespeckte« Form der MPU nach sich ziehen, in der der psychologische Teil, zumal das psychologische Untersuchungsgespräch, eine eher untergeordnete Rolle spielt. Ganz anders bei den nun folgenden Untersuchungsanlässen, denen wir die drei Hauptkapitel in diesem Buch gewidmet haben: Punkte, Drogen, Alkohol.

Wer sehr fleißig in Flensburg Punkte gesammelt hat (18 oder mehr), wer erhebliche oder wiederholte Zuwiderhandlungen im Verkehr aufweist, oder wer strafrechtliche Delikte im Verkehr bzw. unter Benutzung eines Kfz begangen hat, muss mit einer Untersuchung rechnen. Sogar strafrechtliche Delikte, die nichts mit dem Verkehr direkt zu tun haben, aber, so der Gesetzgeber, »Anhaltspunkte für ein hohes Aggressionspotenzial« liefern, können zu einer MPU führen.

In steigendem Maß führen Drogenauffälligkeiten zu Schwierigkeiten mit dem Führerschein bzw. zur Anordnung von Gutachten. Je nach Drogenart und Art der Auffälligkeit (im Verkehr, außerhalb des Verkehrs, bei Abhängigkeit) kann es hier zu ärztlichen Gutachten, MPU-Gutachten oder sogar beidem kommen. Zu den speziellen und recht komplizierten Regelungen bei illegalen Drogen gibt Ihnen das Kapitel *Der Untersuchungsanlass »Drogen«* genaue Auskunft.

Und schließlich die Promillesünder. Sie bilden mit Abstand den Schwerpunkt aller medizinisch-psychologischen Untersuchungen, wobei sie in den letzten Jahren etwas zurückgingen und dafür die Drogenanlässe stetig anwachsen. Es muss beim Alkohol übrigens nicht unbedingt eine Fahrt unter Alkoholeinfluss vorliegen, um jemand zur Untersuchung zu schicken. Wenn zum Beispiel die Polizei einen im Rausch Randalierenden ins Nervenkrankenhaus schicken muss, so schickt sie unter Umständen eine Meldung darüber an die Führerscheinbehörde. Damit bestehen »Tatsachen, die die Annahme von Alkoholabhängigkeit oder -missbrauch begründen«. Ist der Betreffende Führerscheininhaber, fordert ihn die Behörde zu einer Begutachtung auf. Kommt er dem nicht nach, kann ihm der Führerschein entzogen werden.

Prinzipiell ist jede nur denkbare Kombination dieser Unter-

suchungsanlässe möglich. Dieser Ratgeber gibt Ihnen Hilfe
bei den häufigsten und problematischsten Untersuchungsanlässen, allen voran »Alkohol am Steuer«, sodann in jeweils eigenen Kapiteln zu »Punkten« und »Drogen«. Und in einem ganz
neuen Kapitel (»Freiwillige Untersuchung?«) können Sie sogar
nachlesen, weshalb immer mehr Menschen sogar aus eigenem
Antrieb, ohne behördliche Anordnung, eine Untersuchung machen – freilich keine MPU im eigentlichen Sinn, sondern einen
»Fitness-Check«, weil sie zum Beispiel nach einer Erkran-
kung wissen wollen, ob in puncto Fahrtüchtigkeit noch alles
passt.

Sie sehen, die Leute, die Ihnen im Wartezimmer der Begutachtungsstelle begegnen werden, sind bunt gemischt. So vielfältig
wie die Anlässe sind auch die Untersuchungsweisen. Untersuchung und Gutachten gehen auf den jeweiligen Anlass ein, jeder Anlass braucht eine andere Methode, hat andere Untersu-
chungsschwerpunkte.

Warum muss ausgerechnet ich zu einer MPU?
Wir hatten gehört, dass Alkohol im Straßenverkehr nicht automatisch eine MPU nach sich zieht, dass manche Kraftfahrer
nach Ablauf der Sperrfrist ihren Führerschein ohne Untersuchung wiederbekommen. Das provoziert natürlich einige weitere Fragen:

• Welche Kriterien legen fest, welcher Promillesünder zu einer
  MPU muss und welcher nicht?
• Worauf gründen sich eigentlich die Eignungszweifel der Ver-
  waltungsbehörde?

Zu einer MPU führen folgende Alkoholauffälligkeiten im Verkehr:

- Hohe Promille: Die Behörde ordnet eine MPU an, wenn bei Ihrer Trunkenheitsfahrt eine Blutalkoholkonzentration (BAK) von mindestens 1,6 Promille gemessen wurde.
- Wiederholte Verkehrszuwiderhandlungen unter Alkoholeinfluss: Die Verwaltungsbehörde schickt Sie auf jeden Fall dann zur MPU, wenn Sie bereits *mehrfach* wegen Alkohol am Steuer aufgefallen sind. In diesem Fall ist es egal, wie hoch die dabei gemessenen Blutalkoholkonzentrationen waren.

Höhere Strafen statt einer MPU?

Sie müssen also zu einer MPU, weil Sie entweder bei Ihrer Trunkenheitsfahrt zu viel Promille hatten oder weil Sie jetzt schon zum zweiten (oder dritten oder...) Mal mit Alkohol am Steuer aufgefallen sind oder weil bei Ihnen beides zutrifft. Nun denken Sie vielleicht, es mag einleuchten, dass man leichte Sünder leichter bestraft, schwere Sünder dagegen schwerer. Aber: Könnte das nicht gleich der Richter übernehmen? Sollte er nicht schon von vornherein Sperrfrist und Geldstrafe umso üppiger ansetzen, je mehr Promille jemand hatte? Dann wüsste man wenigstens von Anfang an, woran man ist; dann bedürfte es dieser Zeit raubenden und kostspieligen Zusatzstrafe nicht, dieser MPU mit all ihrer Ungewissheit.

Keine schlechte Idee, wenn die MPU und die mit ihr oft verbundene Verlängerung der führerscheinlosen Zeit über die Sperrfrist hinaus tatsächlich eine Zusatzstrafe wäre. Das ist sie aber nicht, sondern vielmehr eine vorbeugende Maßnahme: Ihre Führerscheinbehörde muss – völlig unabhängig vom Richterspruch und der Dauer Ihrer Sperrfrist – nach Verbüßung der Strafe erst noch prüfen, ob Sie wieder geeignet sind zum Führen eines Kraftfahrzeugs. Als sachverständigen Ratgeber für diese Überprüfung zieht die Führerscheinbehörde eine akkreditierte Begutachtungsstelle für Fahreignung hinzu.

Was verspricht sich die Behörde von der Untersuchung?

Über Jahrzehnte hat sich gezeigt, dass manche Trunkenheitsfahrer einmal in ihrem Leben auffallen und dann nie wieder, weil sie aus dem Vorfall gelernt haben. Andere hingegen sind auch durch harte Strafen und durch bitterste Konsequenzen eines früheren Führerscheinentzugs nicht davon abzuhalten, erneut betrunken mit einem Kraftfahrzeug zu fahren.

Können Sie sich vorstellen, wodurch sich der typische Einmal-Täter vom rückfälligen Täter unterscheidet?

Es müssten vor allem die kleinen Sünder am ehesten versucht sein, erneut mit Alkohol zu fahren, jene also, die wegen ihrer niedrigen Blutalkoholkonzentration – das heißt unter 1,1 Promille – mit geringer Strafe davongekommen sind. Mehr jedenfalls als diejenigen, die nach der dritten Zwei-Promille-Fahrt bereits im Gefängnis gelandet sind. Dies ist eine äußerst plausible Annahme, wenn man Anhänger der Abschreckungstheorie ist. Einziger Schönheitsfehler: Die Fakten sprechen dagegen.

Die Erfahrung zeigt vielmehr, dass die Rückfallwahrscheinlichkeit umso höher ist, je mehr Promille der betreffende Kraftfahrer hatte bzw. je öfter er bereits vorher mit Alkohol am Steuer aufgefallen war.

Die Wissenschaft erklärt sich diesen auf den ersten Blick erstaunlichen Zusammenhang damit, dass bei Personen, die mit einer sehr hohen BAK – rein technisch, vom körperlichen Vermögen her – überhaupt noch in der Lage sind, ein Kraftfahrzeug zu führen (wie gut und sicher auch immer), eine überdurchschnittliche Alkoholgewöhnung vorliegen muss. Ein Mensch

ohne solche besonders hohe Alkoholgewöhnung ist dann nämlich auch nicht mehr annähernd in der Lage, ein Auto zu fahren, selbst wenn er dies wollte. Man hat sich dabei in einer
Mischung aus wissenschaftlicher Erfahrung und juristischer
Vorsicht auf die Schwelle von 1,6 Promille festgelegt, ab der
man davon ausgehen muss, dass eine »verdächtig« hohe Alkoholgewöhnung vorliegt, die das Risiko erneuter Trunkenheitsfahrten erheblich erhöht. In Wirklichkeit, machen wir uns
nichts vor, dürfte die Schwelle ein Stück darunter liegen.

Egon Stephan, einer der führenden deutschen Verkehrspsychologen, prägte dazu die Formel: *» Wer mit 0,8 Promille Auto
fährt, ist ein trinkender Fahrer, wer sich ab 1,6 Promille noch
hinters Steuer setzen kann, muss dagegen ein fahrender Trinker sein.«*

Dies lässt sich im Übrigen ebenso auf Punktesammler übertragen: Wer vielleicht einmal bei »Rot« über eine Ampel fährt
oder ein, zwei Geschwindigkeitsüberschreitungen auf dem
Konto hat, erweckt – zu Recht – noch keinen besonderen Argwohn: So etwas sollte zwar nicht vorkommen, kann aber mal
passieren. Hier gibt es noch keinen Anlass für grundsätzliche Eignungszweifel und deshalb auch keine MPU. Anders bei
18 Punkten: Um die überhaupt erreichen zu können, muss man
schon sehr hartnäckig, ja gewohnheitsmäßig gegen die Verkehrsvorschriften verstoßen. Und auch hier besteht deshalb die
begründete Befürchtung, dass es zu entsprechenden Wiederho-
lungstaten kommen wird.

Die Verwaltungsbehörde schickt Sie also deswegen zu einer
MPU, weil Sie aufgrund Ihrer Vorbelastung zu einer stark rückfallgefährdeten Gruppe von Kraftfahrern gehören. Man ver-
mutet – um es mit einiger Direktheit zu sagen – einen ziem-
lichen Säufer in Ihnen, der aufgrund seines Umgangs mit Al-

kohol sehr wahrscheinlich wieder Trunkenheitsfahrten haben wird, falls er sich nicht ändert. Die MPU soll nun herausfinden, ob sich zwischenzeitlich bei Ihnen etwas geändert hat. Denn in diesem Fall hätten Sie ja Ihr Rückfallrisiko beseitigt und stellen kein Sicherheitsrisiko mehr im Verkehr dar.

4 Juristische Begriffe rund um die MPU

Wenn Sie bislang wenig mit Gerichten zu tun hatten, weder als Anwalt noch als Angeklagter, so kann es sein, dass Sie im Zusammenhang mit Ihrer Führerscheinproblematik zum ersten Mal in Ihrem Leben mit verschiedenen juristischen Begriffen konfrontiert werden, deren Bedeutung sich ohne Lexikon kaum erschließen lässt.

Als Vorbereitung auf die MPU ist es für Sie vorteilhaft, über diese Begriffe Bescheid zu wissen. Zum einen können Sie nur so wirklich verstehen, was mit Ihnen passiert und was man eigentlich von Ihnen will. Zum anderen aber kann es durchaus passieren, dass man Sie im Verlauf der MPU nach der Bedeutung dieser rechtlichen Begriffe fragt.

Eine MPU ist natürlich kein juristisches Examen, aber der Gutachter denkt sich: Dieser Mensch, der da vor mir sitzt, ist bereits wegen Alkohol im Straßenverkehr aufgefallen, er hatte beträchtliche Nachteile deswegen. Vorher hat er sich vielleicht über die gesetzlichen Vorschriften nicht sehr viele Gedanken gemacht, nicht mehr jedenfalls, als man in der Fahrschule lernt. Vorher hat ihn das nicht unmittelbar betroffen. Jetzt aber sollte er sich doch ein wenig über diese Dinge informiert haben.

Trunkenheit im Verkehr

Trunkenheit im Verkehr ist also eine Straftat, genauer: ein Vergehen. Trunkenheit im Verkehr wird von den Juristen in eine Reihe mit zum Beispiel Diebstahl gestellt.

Ist es Ihnen aufgefallen? Im Gesetzbuch steht: »ein Fahrzeug«, nicht »ein *Kraft*fahrzeug«. Das heißt: Auch wer mit einem Fahrrad, einem Pferdefuhrwerk oder einem Rollstuhl (motorisiert oder nicht) betrunken am Straßenverkehr teilnimmt, kann sich strafbar machen. Tatsächlich ist die Praxis so, dass Sie als betrunkener Radfahrer (oder Pferdekutscher) mit über 1,6 Promille nicht nur eine Geldstrafe riskieren, son-

---

Der Trunkenheit im Verkehr macht sich schuldig, »wer im Verkehr … ein Fahrzeug führt, obwohl er infolge des Genusses alkoholischer Getränke oder anderer berauschender Mittel nicht in der Lage ist, das Fahrzeug sicher zu führen«. Er »wird mit Freiheitsstrafe bis zu einem Jahr oder mit Geldstrafe bestraft« (§ 316 Strafgesetzbuch).

---

dern tatsächlich auch Ihren Autoführerschein. Dass Sie zur MPU müssen, versteht sich, nach allem, was wir inzwischen wissen, fast von selbst.

Es heißt im Gesetz auch »oder anderer berauschender Mittel«: Der Trunkenheitsparagraf gilt also auch für den Konsum von illegalen Rauschdrogen oder bewusstseinsverändernden Medikamenten. Der Unterschied zum Alkohol besteht vor allem darin, dass es bei Drogen und Medikamenten keine Grenzwerte gibt, unterhalb derer eine Fahrt noch erlaubt wäre.

Im Gesetzestext steht: »Wer nicht in der Lage ist, das Fahrzeug sicher zu führen …« Wann aber ist ein Kraftfahrer (oder sonstiger Verkehrsteilnehmer) nicht mehr in der Lage, »ein Fahrzeug sicher zu führen«?

Die Promillegrenzen: 1,1/0,5/0,3 Promille
– und seit 1.August 2007 neu: 0,0 Promille
für Fahranfänger

Nach Paragraf 1 der Straßenverkehrsordnung hat sich »jeder Verkehrsteilnehmer (...) so zu verhalten, dass kein anderer (...) gefährdet (...) wird«. Daraus folgt, dass jeder Kraftfahrer in einem Zustand, in dem seine Fahrtüchtigkeit auch nur *eingeschränkt* ist, ein Kraftfahrzeug nicht mehr führen darf.

Genossener Alkohol ist dabei nur eine – wenn auch die in der Gerichtspraxis häufigste – Ursache für Fahruntüchtigkeit. Andere Faktoren könnten zum Beispiel Drogen sein oder der Einfluss von Arzneimitteln.

Was den Alkohol betrifft, so hat sich in Deutschland im Lauf der Jahrzehnte ein abgestuftes System von Promillegrenzwerten mit jeweils unterschiedlichen Strafandrohungen herausgebildet.

1,1-Promille-Grenze (absolute Fahruntüchtigkeit)

Absolute Fahruntüchtigkeit nimmt der Gesetzgeber immer dann an, wenn die BAK 1,1 Promille oder mehr beträgt. Die 1,1-Promille-Regelung gilt seit Juni 1990. Vorher lag der Grenzwert noch bei 1,3 Promille.

Bei der 1,1-Promille-Regelung spielt es keine Rolle, wie Ihre tatsächliche körperliche oder geistige Verfassung während der Fahrt ist, ob Sie Fahrfehler machen, ob Sie beim Aussteigen schwanken oder lallen. Allein der BAK-Wert zählt. Ab 1,1 Promille am Steuer ist rechtlich alles klar. Sie machen sich einer Straftat schuldig, Punkt, aus.

Die Vergehen »Trunkenheit im Verkehr« bzw. »Straßenverkehrsgefährdung« (über den Unterschied später mehr) werden mit Geldstrafe, Führerscheinentzug und in schweren Fällen Gefängnis bestraft; außerdem bekommen Sie sieben Punkte im Flensburger Zentralregister.

0,5-Promille-Grenze

Eine Ordnungswidrigkeit liegt nach geltendem Recht dann vor, wenn die Blutalkoholkonzentration zum Zeitpunkt der Trunkenheitsfahrt zwischen 0,5 Promille und 1,1 Promille liegt. Sie wird mit Geldbußen bis zu 750 Euro bestraft sowie mit Fahrverbot zwischen einem und drei Monaten; in Flensburg trägt man Ihnen dafür vier Punkte ein.

Die 0,5-Promille-Grenze gilt in dieser verschärften Form seit 1. April 2001, sie ersetzt die ältere 0,8-Promille-Grenze.

0,3-Promille-Grenze (relative Fahruntüchtigkeit)

Werden dagegen bei einem Kraftfahrer alkoholtypische Ausfallerscheinungen oder Fahrfehler beobachtet, dann sind – nach einer Entscheidung des Bundesgerichtshofes (BGH) vom April 1961, seit langer Zeit also – Fahrten unter Alkoholeinfluss bereits dann eine Straftat, wenn mindestens 0,3 Promille gemessen werden. Entgegen einer weit verbreiteten Ansicht muss es infolge dieser Ausfallerscheinungen *nicht* zum Unfall kommen. Auf der anderen Seite besagt ein Unfall mit 0,4 Promille allein auch noch nicht viel – wichtig ist in jedem Fall der stichhaltige Grund für die Annahme, dass der Unfall alkoholbedingt war, ohne den vorausgegangenen Alkoholkonsum also nicht passiert wäre.

Beim Auftreten fahrrelevanter, alkoholtypischer Ausfallerscheinungen liegt *Fahruntüchtigkeit* vor, in diesem Fall macht sich der Kraftfahrer – schon ab 0,3 Promille – einer Straftat schuldig, mit allen damit verbundenen Konsequenzen (Geldstrafe, Führerscheinentzug, Gefängnis). Es kann also passieren, dass ein trinkgewöhnter Kraftfahrer, der unauffällig gefahren ist, mit 1,05 Promille glimpflich davonkommt, während ein Alkoholanfänger aufgrund seiner Fahrfehler mit 0,3 Promille seinen Führerschein für lange Zeit verlieren kann.

0,0-Promille-Grenze für Fahranfänger (seit 1. August 2007)

Seit 1. August 2007 gibt es für Fahranfänger bis zur Vollendung des 21. Lebensjahres sowie generell in der Probezeit striktes Alkoholverbot am Steuer. Für sie gilt damit bereits bei der geringsten Alkoholisierung hinterm Steuer: Ordnungswidrigkeit, Geldbuße bis 125 Euro, 2 Punkte.

Hier ist besondere Vorsicht geboten: Wer etwa mit 17 Jahren vorzeitig die Fahrerlaubnis erwirbt und nach zwei Jahren die Probezeit hinter sich lässt, unterliegt der Null-Promille-Regelung dennoch bis zur Vollendung des 21. Lebensjahres.

Außerdem wird für Fahranfänger, die sich noch in der Probezeit befinden, die Probezeit auf vier Jahre verlängert und ein »Besonderes Aufbauseminar« angeordnet werden.

Die 0,5-Promille-Grenze gilt dabei aber natürlich auch weiter: Hat der Fahranfänger also bei seiner Alkoholfahrt mehr als 0,5 Promille, gelten die »verschärften« Sanktionen (4 Punkte und Fahrverbot).

»Sonderrecht« für Trinkgewöhnte?

Die juristischen Sanktionen wurden mit fallendem Promillegrenzwert milder, und zwar nach dem Schema: wenig getrunken, also wenig Schuld, also auch geringe Strafe. Dieser logisch scheinende Trend kehrt sich nun mit einem Mal um.

Um das zu verstehen, müssen wir bereits an dieser Stelle kurz auf die – später noch ausführlicher beschriebenen – Alkoholwirkungen eingehen. 0,8 Promille oder auch nur 0,5 Promille sind nämlich keineswegs furchtbar kleine Alkoholkonzentrationen. Vielmehr ist ein Großteil der Bevölkerung bereits mit 0,8 Promille jenseits von Gut und Böse, viele sind auch mit 0,5 Promille schon deutlich angeschlagen. Verständlich deshalb die Regel, dass ab 0,5 Promille für alle gilt: Hände weg vom Steuer!

Andererseits wird aber – um die Sache zu komplizieren – zwischen 0,3 und 1,1 Promille unterschieden, ob die Alkoholisierung noch gut vertragen wird oder nicht. Was zu einem erstaunlichen Resultat führt:

- Fahren unter Alkoholeinfluss ist in Deutschland (seit nun schon über vierzig Jahren) »eigentlich« ab 0,3 Promille verboten und mit harten Strafen bedroht, sofern sich der Fahrer als fahruntüchtig erweist.
- Trinkgewöhnte, denen man nichts »anmerkt«, genießen aber gewissermaßen einen rechtlichen Sonderstatus: Sie – *und nur sie!* – dürfen bis 0,5 Promille straffrei fahren (sofern sie nicht Fahranfänger sind) und werden bis 1,1 Promille nur wegen einer Ordnungswidrigkeit belangt – solange nichts passiert.
- Alle anderen müssen damit rechnen, dass sie bereits ab 0,3 Promille als fahruntüchtig auffallen (Schlangenlinien etc.) und deshalb wegen einer Straftat verurteilt werden.

Tat-Blutalkoholkonzentration

Tat-Blutalkoholkonzentration meint die Blutalkoholkonzentration zum Zeitpunkt der Trunkenheitsfahrt. Wann immer in diesem Kapitel von Blutalkoholkonzentration die Rede ist, so ist damit der Ihnen zur Last gelegte BAK-Wert zum Zeitpunkt der Alkoholfahrt gemeint, und das ist nicht unbedingt der gemessene Wert.

Wo liegt der Unterschied? Nun, der bloße Messwert ist verschiedenen Einflüssen ausgesetzt, er muss zunächst nicht viel besagen. Zum Beispiel:

Sie werden von der Polizei erst zwei Stunden nach Ihrer Heimkehr aus dem Bett geholt und zur Blutentnahme gebracht. Dort wird eine BAK von 1,0 Promille gemessen. Entscheidend für die juristische (und später auch für die psychologische) Bewertung Ihres Falles sind aber nicht diese 1,0 Promille, sondern die Blutalkoholkonzentration bei der Fahrt, die in diesem Beispiel ungefähr 1,3 Promille betragen haben dürfte. Aus Gründen der Irrtumssicherheit nimmt man wahrscheinlich 1,2 Promille an und hat dann immer noch genug, um Ihnen den Führerschein für ein Jahr zu nehmen.

Atemalkoholkonzentration

Seit in der Rechtsprechung Alkoholkonzentrationen überhaupt eine Rolle spielen, hatte vor Gericht nur die Blutalkoholkonzentration Beweiswert, gemessen anhand einer von einem Arzt genommenen und von einem Labor ausgewerteten Blutprobe. Die von der Polizei mit den Alko-Testgeräten gemessene Atemalkoholkonzentration (AAK) diente nur zur Abklärung eines Verdachts. Lag der Messwert unterhalb der jeweils geltenden Grenze, konnte die Polizei auf die Entnahme einer Blutprobe verzichten.

Diese Beschränkung hatte ihren Grund in der mangelnden Zuverlässigkeit der Messinstrumente. In den letzten Jahren ist ein deutlicher technischer Fortschritt erzielt, die Messgenauigkeit der Geräte erheblich verbessert worden. Der Gesetzgeber hat nun darauf reagiert, indem seit dem 1. Mai 1998 auch die mittels Alko-Testgeräten (»Blasen«) gemessene Atemalkoholkonzentration vor Gericht Beweiswert hat.

Die konventionellen Alko-Testgeräte haben die gemessene AAK so umgerechnet, dass der Messwert in Promille ausgegeben wurde, also ziemlich genau der jeweiligen Blutalkoholkonzentration entsprochen hat. Die neuen Geräte mit Beweiswert vor Gericht messen dagegen die Atemalkoholkonzentration in mg/l, was eine völlig andere Messeinheit ist. Sie ist mit dem Faktor 2 zu multiplizieren, um einen sehr genauen Schätzwert für die Blutalkoholkonzentration zu bekommen. Wenn also auf dem Alko-Testgerät 1,1 mg/l angezeigt werden, so können – nein, müssen Sie damit rechnen, dass Ihr BAK-Wert bei 2,2 Promille liegen wird. Die 0,5-Promille-Grenze hat also eine Schwester bekommen: die 0,25 mg-Grenze. Sie führt zu den selben Konsequenzen.

Straßenverkehrsgefährdung

Einer Gefährdung des Straßenverkehrs macht sich schuldig, »wer im Verkehr … ein Fahrzeug führt, obwohl er infolge des Genusses alkoholischer Getränke oder anderer berauschender Mittel … nicht in der Lage ist, das Fahrzeug sicher zu führen, und dadurch Leib oder Leben eines anderen oder fremde Sachen von bedeutendem Wert gefährdet …« (§ 315c Strafgesetzbuch).

Der Unterschied zur Trunkenheit im Verkehr besteht also darin, dass jetzt eine konkrete – sprich: beobachtbare – Gefährdung vorliegen muss. Ein Unfall, den Sie verursachen, belegt in aller Regel eine solche Gefährdung, ebenfalls ein Beinahe-Crash. Es muss aber nicht zum Unfall kommen, es kann bereits das berühmte Schlangenlinienfahren ausreichen, um eine konkrete Gefährdung schlüssig anzunehmen.

Ein weiterer Unterschied zur Trunkenheit im Verkehr besteht darin, dass bei Straßenverkehrsgefährdung eine Höchst-

strafe von fünf Jahren Gefängnis bei Vorsatz und eine Haftstrafe von zwei Jahren bei Fahrlässigkeit verhängt werden kann.
Gefängnisstrafen sind aber sowohl bei Trunkenheit im Verkehr als auch bei Straßenverkehrsgefährdung für einen Ersttäter nicht üblich. Der Wiederholungstäter dagegen riskiert
in der Tat Gefängnis, bei der ersten Wiederholung in der Regel
mit Bewährung. Aber das sind Regelfälle. Wenn der Einzelfall
entsprechend geartet ist, kann auch schon beim ersten Delikt
eine Haftstrafe verhängt werden.

Fahrlässig
Fahrlässig handelten Sie, wenn Sie wegen Trunkenheit fahruntüchtig waren, »was Sie bei Anwendung der im Verkehr erfor-
derlichen Sorgfalt hätten erkennen müssen« (Standardtext in
Urteilen). Das heißt, Sie waren betrunken, haben sich darüber
aber – was Ihre Pflicht gewesen wäre – keine Gedanken gemacht.

Vorsätzlich
Vorsätzlich handelten Sie, wenn Sie betrunken fuhren, »obwohl Sie wussten oder zumindest billigend in Kauf nahmen,
dass Sie zum sicheren Führen eines Kraftfahrzeugs nicht mehr
in der Lage sein würden« (Standardtext in Urteilen). Das heißt,
Sie waren betrunken, wussten es genau – oder haben sich zumindest schon so was gedacht – und sind trotzdem gefahren.

Auch hier ist die Rechtsprechung unlogisch und geht oft
an der Lebenspraxis vorbei. Fahrlässigkeit mag angenommen
werden, wenn jemand im Randbereich der gesetzlichen Höchst-
grenzen erwischt wird. Für zwei Promille hingegen braucht es
so viel Alkohol, dass es keinerlei Gedankenanstrengung mehr

bedarf, um das Verbotene einer Autofahrt in diesem Zustand zu erkennen.

In der Gerichtspraxis sind Urteile wegen vorsätzlicher Trunkenheit im Verkehr die Ausnahme, im wirklichen Leben ist es genau umgekehrt.

Tateinheit

Tateinheit liegt vor, wenn Sie mit einer einzigen Handlung zwei (oder mehr) Straftatbestände verwirklichen. Wer zum Beispiel betrunken fährt und bei einem Unfall andere verletzt, wird verurteilt wegen Trunkenheit im Verkehr in Tateinheit mit fahrlässiger Körperverletzung.

Tatmehrheit

Tatmehrheit liegt dagegen vor, wenn Sie – ob nun in zeitlichem Zusammenhang oder mit erheblichem Abstand – zwei oder mehr voneinander unabhängige Straftaten begehen, die alle im gleichen Verfahren behandelt werden. Wenn Sie nach einer Trunkenheitsfahrt den Führerschein abgeben müssen, aber trotzdem weiter mit dem Auto fahren, werden Sie wegen Trunkenheit im Verkehr in Tatmehrheit mit Fahren ohne Fahrerlaubnis verurteilt.

Rechtlich zusammentreffend

Rechtlich zusammentreffend ist nur eine andere Bezeichnung für Tateinheit.

Sachlich zusammentreffend

Sachlich zusammentreffend ist nur eine andere Bezeichnung für Tatmehrheit.

Ein Beispiel

Lassen Sie uns nun diese doch etwas sehr abstrakten Begriffe anhand einer kleinen Geschichte sinnfälliger machen.

Stellen Sie sich vor, Sie fahren betrunken von Ihrem Stammlokal nach Hause, streifen dabei ein geparktes Auto und fahren ohne anzuhalten davon, weil Sie wegen des zuvor genossenen Alkohols ein schlechtes Gewissen haben. Zu Hause werden Sie letztlich doch von der Polizei gefunden und zur Blutprobe geführt. In Ihrem Urteil könnte dann stehen: »Fahrlässige Straßenverkehrsgefährdung in Tatmehrheit mit unerlaubtem Entfernen vom Unfallort, dieses in Tateinheit mit vorsätzlicher Trunkenheit im Verkehr.«

- *Fahrlässig* zunächst deshalb, weil Sie sich bei Fahrtantritt wegen des Alkohols nichts allzu Böses dabei gedacht hatten.
- *Straßenverkehrsgefährdung* (und nicht Trunkenheit im Verkehr) deswegen, weil Sie durch den Unfall bewiesen haben, dass Ihr Verhalten eine konkrete Gefahr dargestellt hat.
- *Tatmehrheit* deshalb, weil der Entschluss zur Unfallflucht ein – gegenüber dem Entschluss zur Fahrt – selbstständiger Tatentschluss war, der nicht zwingend aus dem ersten folgte.
- *Tateinheit* deswegen, weil Sie sich mit Alkohol am Steuer vom Unfallort entfernt haben, also durch eine Handlung gegen zwei Strafgesetze verstoßen haben.
- *Vorsätzlich* im zweiten Fall deshalb, weil Sie zwar bei Fahrtantritt noch irgendwie hoffen konnten, Sie wären noch einigermaßen fahrtauglich, durch den Unfall aber belehrt worden sind, dass Sie es nicht mehr sind.

Strafbefehl

Ein Strafbefehl ist ein Urteil in einem verkürzten Verfahren. In einem simplen Standardfall – Trunkenheit im Verkehr ohne Unfall oder Unfall ohne wesentliche Folgen und dazu noch Ersttäter – kommt es (vorerst) nicht zu einer Verhandlung. Das Gericht schickt Ihnen einen Strafbefehl zu. Diesen Strafbefehl können Sie akzeptieren – indem Sie zum Beispiel die dort ausgesprochene Geldstrafe bezahlen – oder dagegen Widerspruch einlegen. Legen Sie Widerspruch ein, so kommt es zu einer normalen Verhandlung. In einem Strafbefehl darf keine Freiheitsstrafe, auch keine Freiheitsstrafe auf Bewährung ausgesprochen werden.

Bußgeld

Ein Bußgeld wird bei Ordnungswidrigkeiten (Rotlicht überfahren usw.) verhängt. Ein Bußgeld ist ein fester Betrag, der nur etwas mit dem zugrunde liegenden Verstoß zu tun hat.

Geldstrafe

Eine Geldstrafe wird bei Straftaten (Diebstahl, Trunkenheit im Verkehr usw.) verhängt. Eine Geldstrafe errechnet sich aus der Zahl der Tagessätze (abhängig von Art und Schwere des Delikts) und der Höhe eines Tagessatzes (abhängig von der Höhe des Einkommens): Geldstrafe = Zahl der Tagessätze x Höhe des Tagessatzes.

Können oder wollen Sie eine Geldstrafe nicht bezahlen, so steht es Ihnen frei, diese Geldstrafe im Gefängnis – je nach Zahl der Tagessätze – abzusitzen.

Punkte beim Kraftfahrtbundesamt in Flensburg

Kleinere Verkehrsverstöße, zum Beispiel das Überziehen der Parkzeit oder das Überschreiten der Höchstgeschwindigkeit um wenige Stundenkilometer, werden mit einer Geldbuße oder auch nur mit einer gebührenpflichtigen Verwarnung – dem »Knöllchen« oder Strafzettel – bestraft. Für jeden größeren Verkehrsverstoß – sei es eine Ordnungswidrigkeit oder eine Straftat – ist ein Eintrag im Register des Kraftfahrtbundesamts in Flensburg vorgesehen. Das heißt, Sie bekommen für Ihren

> **TIPP:** *Ob Sie für einen Strafzettel auch Punkte bekommen, können Sie leicht an der Höhe des Bußgeldes erkennen: ab 40 Euro gibt's mindestens einen Punkt. (Stand: August 2007)*

Verstoß eine bestimmte, in einem Verzeichnis (dem sogenannten Punktekatalog) genau festgelegte Zahl von Strafpunkten.

Diese Punkte werden addiert, sie führen bei acht Punkten zu einer Verwarnung, bei 14 Punkten müssen Sie an einem Aufbauseminar teilnehmen, und bei 18 Punkten verlieren Sie Ihren Führerschein. Den Führerschein können Sie dann nur nach erfolgreicher MPU wiederbekommen. Der Führerschein bleibt dabei für mindestens ein halbes Jahr entzogen.

Flensburger Punkte werden aber nach einer bestimmten Zeit wieder gelöscht. Ordnungswidrigkeiten werden nach zwei Jahren getilgt, gerechnet vom Tag der Rechtskraft der Entscheidung. Nehmen Sie den Strafbescheid an, dann läuft die Löschfrist – ungefähr – ab diesem Zeitpunkt. Legen Sie Widerspruch ein, kommt es gar zu einer Verhandlung und werden Sie dann zur Zahlung Ihrer Strafe verpflichtet, dann laufen die zwei Jahre erst ab dieser Zeit. Kommen im Lauf dieser zwei Jahre weitere Punkte hinzu, beginnt die Löschfrist wieder neu, und zwar diesmal sowohl für die alten als auch für die neu erworbenen Punkte. Nach spätestens fünf Jahren werden jedoch die Punkte auf jeden Fall gelöscht – es sei denn, Ihre Ordnungswidrigkeit war eine Trunkenheitsfahrt unter 1,1 Promille.

Straftaten werden nach fünf Jahren getilgt, wenn sie nicht in Zusammenhang mit Alkohol oder Drogen stehen. Standen die Straftaten in Zusammenhang mit Alkohol oder Drogen, so dauert die Frist zehn Jahre. Aber auch dann bleiben die Punkte bestehen, solange in Flensburg noch weitere Verkehrsstraftaten verzeichnet sind.

»Gelöscht« heißt in all den Fällen nicht, dass die Behörde sämtliche Unterlagen über Ihre Verstöße vernichtet, sondern lediglich, dass Ihnen diese Verstöße nach der Löschung nicht mehr vorgehalten werden dürfen. Bei einer Punkte-Addition spielen sie ebenfalls keine Rolle mehr.

Bis zum 1. Januar 1999 galt in einem Verwaltungsverfahren, das den Entzug oder die (Wieder-)Erteilung einer Fahrerlaubnis zum Gegenstand hat, eine Ausnahmeregelung: Bei der medizinisch-psychologischen Untersuchung durfte man auch noch die ältesten Alkoholdelikte heranziehen und Ihnen vorhalten. Dies ist jetzt nicht mehr möglich. Aber immer noch können und werden Trunkenheitsfahrten bis zu maximal 15 Jahren berücksichtigt. Solange können sie nämlich im Verkehrszentralregister gespeichert sein, weil die zehnjährige Tilgungsfrist erst zum Zeitpunkt der letzten Führerscheinerteilung zu laufen beginnt. Noch ältere Alkoholfahrten brauchen (und sollten) Sie auch nicht von sich aus erwähnen. Erwähnen Sie nämlich gelöschte Delikte von sich aus, dann kann der MPU-

Psychologe in seiner Bewertung sehr wohl darauf Bezug nehmen, dann darf er diese alten Sachen auch in seine Beurteilung einfließen lassen.

Fahrverbot

Ein Fahrverbot kann bei einer größeren Ordnungswidrigkeit im Straßenverkehr verhängt werden. Der Führerschein bleibt während des ganzen Vorgangs prinzipiell gültig, er wird lediglich für die Dauer des Fahrverbotes amtlich verwahrt und außer Kraft gesetzt. In dieser Zeit darf der Inhaber der Fahrer-

> **TIPP:** *Punkte kann man übrigens auch aktiv wieder abbauen. Man muss also gar nicht warten, bis sie von sich aus verfallen. Das hat schon vielen geholfen, die »magischen« 18 Punkte und damit einen Führerscheinentzug zu vermeiden. Wie's geht, haben wir für Sie im Abschnitt »Vorbeugung durch Punkteabbau« zusammen gefasst.*

laubnis kein Kraftfahrzeug führen. Nach Ablauf des Fahrverbots, das zwischen einem und drei Monaten dauern kann, wird Ihnen dann der verwahrte Führerschein wieder ausgehändigt. Es ist derselbe Führerschein, den Sie ein bis drei Monate zuvor bei der Behörde abgegeben haben.

Führerscheinentzug

Beim Führerscheinentzug erlischt die Fahrerlaubnis, dieser Führerschein ist weg, ein für alle Mal. Zusammen mit dem Führerscheinentzug wird immer eine Sperrfrist ausgesprochen, die zwischen drei Monaten und fünf Jahren betragen kann, wobei in bestimmten (sehr seltenen) Fällen auch eine lebenslängliche Sperrfrist möglich ist. Nach Ablauf einer Sperrfrist wird Ihnen ein neuer Führerschein ausgestellt. Dabei ist nicht nur die Plastikkarte und das Lichtbild neu, es handelt sich auch rechtlich um eine ganz neue Fahrerlaubnis. Positiv für Sie ist dabei, dass auch Ihre Punkte auf null gestellt werden, die Eintragungen selbst aber bleiben bis zur Tilgung erhalten.

Sperrfrist

Mit dem Führerscheinentzug ist, wie gesagt, immer eine Sperrfrist zwischen drei Monaten und fünf Jahren verbunden. Eine vom Gericht ausgesprochene Sperrfrist ist immer eine Mindestzeitdauer. Im Urteil heißt es sinngemäß: »Der Führerschein wird eingezogen. Die Verwaltungsbehörde wird angewiesen, Herrn X vor Ablauf von Y Monaten die Fahrerlaubnis nicht wieder zu erteilen.« Das bedeutet, der Richter besteht darauf, dass Sie Ihren Führerschein bis zu einem bestimmten Datum nicht wiederbekommen. Ob Sie ihn nach diesem Datum wiedererlangen, ist nicht mehr Sache des Richters. Bis zum Ablauf der Sperrfrist hat der Richter die letzte Entscheidung über Ihren Führerschein, danach wird es eine Sache der zuständigen Führerscheinstelle.

Wiederholung der Prüfung

Im Gegensatz zum Fahrverbot, bei dem die Fahrerlaubnis lediglich zeitweilig außer Kraft gesetzt ist, erlischt beim Führerscheinentzug die seinerzeit erteilte Fahrerlaubnis ein für alle Mal. Sie müssen nach dem Führerscheinentzug eine neue Fahrerlaubnis beantragen. Vor jeder Erteilung einer Fahrerlaubnis müsste die Verwaltungsbehörde eigentlich prinzipiell eine Führerscheinprüfung verlangen. Bei Wiedererteilung kann die

Verwaltungsbehörde auf eine neuerliche Fahrerlaubnisprüfung verzichten, wenn keine Erkenntnisse vorliegen, die den Verdacht begründen, dass Sie inzwischen Ihre Fähigkeit zum sicheren Autofahren verloren haben.

Ein solcher Verdacht kann zum Beispiel dadurch entstehen, dass im MPU-Gutachten auf außergewöhnlich schlechte Testergebnisse verwiesen wird. Im Normalfall wird die Verwaltungsbehörde jedoch auf eine Fahrerlaubnisprüfung verzichten. Bisher gab es allerdings eine Ausnahme: dann nämlich, wenn Ihr Führerschein bereits *länger als zwei Jahre* entzogen war. In diesem Fall *musste* die Verwaltungsbehörde bisher unbedingt auf einer neuen, kompletten Fahrerlaubnisprüfung bestehen (mit Theorie und Praxis). Man ging davon aus, dass die meisten Autofahrer nach zweijähriger Zwangspause das Fahren in wesentlichen Teilen verlernt haben. Gut für Sie: diese Regelung ist inzwischen abgeschafft! Niemand muss mehr zur Prüfung antreten, nur weil der Lappen länger als zwei Jahre weg war.

Sollten Sie dennoch aus irgendeinem Grund zur neuerlichen Ablegung der Prüfung aufgefordert werden, ist Folgendes für Sie wichtig: Anders als beim Fahranfänger gibt es für Sie kein vorgeschriebenes Mindestausbildungsprogramm. Sie gehen zu einer Fahrschule, melden sich dort an und machen normalerweise eine Fahrstunde. Ist der Fahrlehrer nach dieser Fahrstunde (oder nach fünf oder zehn) der Meinung, er könnte mit Ihnen zur Prüfung antreten, ohne dass sich die Fahrschule blamiert, dann wird er Sie für die Prüfung anmelden. Es versteht sich, dass Sie sich eine Fahrschule suchen, die wegen Überlastung daran interessiert ist, Sie bald wieder loszuwerden.

Fassen wir zusammen:

• Juristisch von Bedeutung ist im Zweifelsfall nicht der gemessene BAK-Wert, sondern die Blutalkoholkonzentration zum Zeitpunkt der Trunkenheitsfahrt.

- Alle Bestimmungen über Promillegrenzen gelten nicht nur für die großen Kraftfahrzeuge, also Autos und Motorräder, sondern auch für nicht führerscheinpflichtige Mofas. Wenn Sie betrunken auf dem Mofa erwischt werden, wird Ihnen Ihr Autoführerschein genauso entzogen, wie wenn Sie mit dem Wagen gefahren wären.

- Auch auf dem Fahrrad oder dem Kutschbock sind Sie vor Strafverfolgung nicht sicher. Ab 1,6 Promille ist ein Verfahren hoch wahrscheinlich, unter 1,6 Promille hängt es von den Umständen ab.

- Eine BAK ab 0,3 Promille plus alkoholtypischer Ausfälle oder Fahrfehler bedeutet eine Straftat (Geldstrafe, Gefängnis bis zu einem Jahr, Führerscheinentzug von sechs Monaten bis zu fünf Jahren).

- Eine BAK zwischen 0,5 Promille und 1,1 Promille, wobei keinerlei alkoholtypische Ausfälle oder Fahrfehler zu verzeichnen sind, bedeutet eine Ordnungswidrigkeit (Geldbuße, Fahrverbot zwischen ein und drei Monaten).

- Eine BAK ab 1,1 Promille ist in jedem Fall eine Straftat, die mit Geldstrafe, Gefängnis bis zu einem Jahr und Führerscheinentzug von drei Monaten bis zu fünf Jahren geahndet wird.

Die Regelung der Strafbarkeit von Alkohol am Steuer

Blutalkohol-konzentration	alkoholtypische Ausfälle	keinerlei Ausfälle
0,0–0,29 Promille	keine rechtlichen Konsequenzen	keine rechtlichen Konsequenzen
0,3–0,49 Promille	Straftat	keine rechtlichen Konsequenzen
0,5–1,09 Promille	Straftat	Ordnungswidrigkeit
ab 1,10 Promille	Straftat	Straftat

Die besonderen Regelungen für Fahranfänger (»0,0-Promille-Grenze«)

Blutalkohol-konzentration	alkoholtypische Ausfälle	keinerlei Ausfälle
0,0–0,29 Promille	Ordnungswidrigkeit	Ordnungswidrigkeit
0,3–0,49 Promille	Straftat	Ordnungswidrigkeit
0,5–1,09 Promille	Straftat	Ordnungswidrigkeit
ab 1,10 Promille	Straftat	Straftat

5 Die rechtlichen Rahmenbedingungen einer MPU

Das war bisher eine Menge allgemeiner Theorie. Bevor wir jedoch den Blick der Praxis zuwenden, sehen wir uns noch die juristischen Rahmenbedingungen der medizinisch-psychologischen Untersuchung genauer an.

Der Führerscheinentzug ist keine Strafe

Als damals in Sachen Ihrer Alkoholfahrt das Urteil gesprochen wurde, bekamen Sie eine Geldstrafe, vielleicht noch eine Gefängnisstrafe (auf Bewährung?), und schließlich wurde – was Sie vermutlich am meisten schmerzte – Ihr Führerschein eingezogen.

Zwischen Geld- und Gefängnisstrafe auf der einen und Führerscheinentzug auf der anderen Seite besteht ein feiner, in seinen Auswirkungen aber sehr bedeutsamer Unterschied: Geld- und Gefängnisstrafe sind Strafen. Bestraft werde ich (zumindest, wenn alles mit rechten Dingen zugeht) für etwas, das ich getan habe, in der stillen Hoffnung, dass mich die Erinnerung an die schmerzenden Finger künftig davon abhalten wird, noch einmal nach der heißen Herdplatte zu greifen. Der Führerscheinentzug jedoch ist nach der Rechtssystematik keine Strafe. Der Führerschein ist Ihnen nicht deshalb entzogen worden, weil Sie gegen eine Spielregel verstoßen haben und deshalb eine Runde aussetzen müssen.

Wenn der Führerscheinentzug keine Strafe ist, was ist er dann?

Blättern wir im ergangenen Urteil: »Durch sein Verhalten hat sich Herr X als charakterlich ungeeignet zum Führen eines

Kraftfahrzeuges erwiesen. Sein Führerschein wird eingezogen. Die Verwaltungsbehörde wird angewiesen, Herrn X vor
Ablauf von Y Monaten die Fahrerlaubnis nicht wieder zu erteilen.«

Wenn Sie den Text genau durchlesen, merken Sie, dass Ihnen Ihr Führerschein nicht für das genommen wurde, was Sie
in der Vergangenheit getan haben. Im Gegenteil: Er wurde eingezogen, um Sie – zumindest in der nächsten Zukunft – daran zu hindern, etwas dergleichen zu tun, nämlich betrunken
zu fahren. Keine Strafe also, sondern eine vorbeugende Maßnahme. Ihr Führerschein wurde eingezogen, weil man sich –
grob gesagt – dachte, Herrn X kann man vorerst nicht auf die
Allgemeinheit (im Straßenverkehr) loslassen.

Vielleicht ist Ihnen aufgefallen, dass eine solche Regelung
zwar in sich – innerhalb des juristischen Systems – konsequent
und schlüssig ist, kaum jedoch, wenn man die Sache etwas
mehr von der praktischen Seite sieht und mit der Elle der allgemeinen Lebenserfahrung misst. Man kann eben nicht still-
schweigend davon ausgehen, dass sich im Lauf einer letztlich
gar nicht so langen Sperrfrist Einstellungen und Verhaltensweisen eines Menschen schon irgendwie so weit verändern werden, dass man ihm nach Ablauf dieser Frist den Führerschein
unbesehen wieder aushändigen kann.

Genau deswegen, um die Lücke zwischen der juristischen
Systematik und dem wirklichen Leben zu schließen, gibt es die
Einrichtung der medizinisch-psychologischen Untersuchung.
Bei den schweren Fällen, das heißt bei Trunkenheitsfahrten
über 1,6 Promille im Wiederholungsfalle, verlässt man sich
nicht darauf, dass es in Zukunft gut gehen werde, sondern
man schaut sich die betreffenden Bewerber um einen neuen
Führerschein genauer an.

Ebenfalls aus genau diesem Grund ist auch die ausgesprochene Sperrfrist immer als eine Mindestsperrfrist zu verstehen. Der Richter legt fest, bis zu welchem Zeitpunkt Sie den Führerschein auf keinen Fall wiederbekommen dürfen. Ob Sie ihn überhaupt wiederbekommen und vor allem wann, ist nicht mehr Sache des Richters. Nach Ablauf der Sperrfrist liegt jede weitere Entscheidung in der Kompetenz der zuständigen Verwaltungsbehörde, das heißt der Führerscheinstelle des jeweiligen Wohnbereiches.

Die Behörde hat Eignungszweifel

Wenn Sie ihn nicht schon längst bekommen haben, so werden Sie ihn demnächst in Ihrem Briefkasten finden: einen Brief Ihrer zuständigen Verwaltungsbehörde, in dem man Ihnen mitteilt, man habe aufgrund Ihrer Vorgeschichte Zweifel an Ihrer Fahreignung und könne Ihnen deshalb den Führerschein nicht ohne weiteres nach Ablauf der Sperrfrist wieder aushändigen.

Man müsse vielmehr vorher diese Eignungszweifel ausräumen. Dies wiederum könne man nur durch eine Fahreignungsbegutachtung im Rahmen einer medizinisch-psychologischen Untersuchung (MPU) bei einer akkreditierten Begutachtungsstelle für Fahreignung (BfF).

MPU-Gutachter sollen die Eignungszweifel ausräumen

Diese Eignungszweifel der Verwaltungsbehörde liegen spätestens durch den Brief der Führerscheinstelle an Sie ganz amtlich auf dem Tisch. Dort bleiben sie, bis jemand kommt und sie wegräumt.

Die Aufgabe der beiden MPU-Gutachter – Arzt und Psychologe – besteht genau darin, nämlich im Beseitigen der gegen

Sie formulierten Eignungszweifel. Die MPU-Gutachter, vor allem der Psychologe, sollen die Argumente der Behörde entkräften. Meine Verkehrsvorgeschichte, nämlich die Trunkenheitsfahrt, spricht gegen mich; durch sie gehöre ich zu einer Gruppe von Kraftfahrern mit erhöhter Wahrscheinlichkeit, erneut mit Alkohol im Straßenverkehr aufzufallen. Der Gutachter muss Gegenargumente sammeln, er braucht individuelle Befunde, die trotz allgemeiner statistischer Bedenken für meine jetzt wiederhergestellte individuelle Fahreignung sprechen. Dann hat er abzuwägen – je schwerwiegender die Delikt-Vorgeschichte, desto notwendiger sind gute Argumente.

Die Eignungszweifel gründen auf Erfahrung und Statistik
Nehmen Sie die Eignungszweifel des Sachbearbeiters bei der Führerscheinstelle nicht persönlich; er handelt pflichtgemäß, ihm bleibt an dieser Stelle des Verfahrens nur ein geringer und auf wenige Grenzfälle beschränkter Entscheidungsspielraum. Seine Eignungszweifel stützen sich auf allgemeine, wenngleich sehr gut abgesicherte Erfahrungswerte mit den verschiedenen Gruppen auffälliger Verkehrsteilnehmer.

Die Behörde muss aufgrund Ihrer Vorgeschichte von einer gegenüber dem unauffälligen Kraftfahrer statistisch erhöhten Wahrscheinlichkeit ausgehen, dass Sie auch in Zukunft wieder einschlägig im Straßenverkehr auffallen werden.

Was bedeutet »statistisch erhöhte Wahrscheinlichkeit«?
Stellen Sie sich vor, man gibt Ihnen eine Liste mit 100 Führerscheininhabern, alle mit mindestens zehn Jahren Fahrpraxis. Sie kennen diese Leute nicht. Das Einzige, was Sie wissen, ist, dass 20 dieser 100 Kraftfahrer den Führerschein bereits mindestens einmal wegen Alkohol am Steuer verloren haben.

Sie sollen nun wetten, welche von diesen 100 Führerschein-inhabern in den nächsten fünf Jahren ihren Führerschein wegen Trunkenheit im Verkehr verlieren werden. Auf zehn dieser Menschen sollen Sie einen bestimmten Betrag setzen. Hat der Betreffende nach fünf Jahren seinen Führerschein immer noch, ist Ihr Geld verloren, hat er ihn zwischenzeitlich verloren, bekommen Sie den doppelten Betrag.

Ein reines Glücksspiel, meinen Sie?

Nein, das ist es nicht! Wir würden unser Geld in dieser Führerschein-Lotterie auf jene setzen, die bereits wegen einer Trunkenheitsfahrt aufgefallen sind; und zwar würden wir uns aus diesen 20 Personen wiederum jene zehn heraussuchen, die den Führerschein bisher am häufigsten bzw. mit den meisten Promille verloren haben. Bei diesen Leuten besteht die statistisch höchste Wahrscheinlichkeit, dass sie erneut mit Alkohol am Steuer auffallen werden.

Ein Drittel aller Alkohol-Vorbestraften wird spätestens fünf Jahre nach dem ersten Delikt rückfällig, nach zehn Jahren sind bereits knapp die Hälfte der Vorbestraften erneut ihren Führerschein los. Das ist einerseits wenig, wenn man bedenkt, dass man von immerhin der Hälfte nichts mehr hört. Das ist andererseits viel, wenn man berücksichtigt, dass zehn Jahre keine übermäßig lange Zeit sind; das ist sogar sehr viel, wenn man darüber hinaus weiß, dass auf jede entdeckte – das heißt gerichtsbekannte und bestrafte – Trunkenheitsfahrt viele hundert unentdeckte Trunkenheitsfahrten kommen. Die Schätzungen der Experten bewegen sich zwischen 1:300 und 1:1000.

Wenn Sie das in Rechnung stellen, dann wird Ihnen klar, dass die wahre Rückfallquote (entdeckte *und* nicht entdeckte Trunkenheitsfahrer) wohl bei deutlich über 50 Prozent liegen muss.

Das heißt:

- Das erneute Fahren unter Alkoholeinfluss ist bei einschlägig Vorbestraften eher der Normalfall.
- Das ist der Grund, warum es die MPU gibt.
- Das ist der Grund, warum die Rückfallvermeidung eine alles andere als leichte Übung für Sie ist.

In unserem Lotteriespiel mag es leicht sein, dass wir uns bei einigen der zehn Kraftfahrer, auf die wir gesetzt haben, vertun. Ein paar von ihnen werden am Steuer nüchtern bleiben, dafür werden andere aus der bislang sauberen Gruppe der 80 erstmals erwischt werden. Bestimmt wird es so sein.

Aber wir versprechen Ihnen: Auf lange Sicht gewinnen *wir* dieses Spiel und nicht jene, die wahllos ihr Geld auf irgendwen setzen. Oder, etwas wissenschaftlicher ausgedrückt: Unsere Trefferquote wird höher sein.

Statistik ist eine feine Sache, werden Sie sagen, kann aber über den Einzelfall nicht viel aussagen. Sie haben Recht, und die Behörde weiß das. Wäre es anders, würde die Verwaltungsbehörde ganz einfach nur auf die Statistik schauen, dann brauchte es keine MPU, dann dürfte man Ihnen – sicherheitshalber – den Führerschein ohnehin nie wieder geben. Die drohende MPU ist also einerseits ein Ausdruck amtlichen Misstrauens Ihnen gegenüber, andererseits aber auch eine Chance für Sie, den Fallstricken der Statistik zu entgehen und zu beweisen: »Bei mir ist es anders. Ich werde tatsächlich nicht wieder auffallen.« Nehmen Sie also die Herausforderung an, und bereiten Sie sich auf die unvermeidliche medizinisch-psychologische Untersuchung vor.

Wer entscheidet über meinen Führerschein?

Sie lassen sich untersuchen, der untersuchende Psychologe fertigt dann – zusammen mit dem Arzt – ein Gutachten an, in dem zur Frage der Eignungszweifel Stellung genommen wird. Sind die Gutachter der Meinung, die Eignungszweifel seien ausgeräumt, dann bekommen Sie Ihre Fahrerlaubnis wieder. Verneinen sie dies, wird es vorerst nichts mit dem neuen Führerschein.

Trifft also der MPU-Gutachter die Entscheidung über Ihren Führerschein? Ja und nein. De jure (das heißt dem Gesetz nach) entscheidet die Verwaltungsbehörde und niemand anderer als die Verwaltungsbehörde über die Erteilung eines Führerscheins.

Eine Führerscheinerteilung ist ein sogenannter Hoheitsakt. Hoheitsakte sind ein staatliches Privileg, also immer Sache einer staatlichen Behörde, sie können nicht an private Dritte delegiert werden. Das MPU-Gutachten dient der Behörde lediglich als »Hilfsmittel für eine eigene Urteilsbildung«. Die Entscheidung jedoch trifft die Verwaltungsbehörde in eigener Verantwortung. In den Ausführungsbestimmungen heißt es dazu: »… die Entscheidung der Verwaltungsbehörde muss erkennen lassen, dass eine eigene Prüfung stattgefunden hat.«

Das ist die Theorie. In der Praxis ist es jedoch so, dass sich bis auf wenige Ausnahmen die amtliche Entscheidung ganz eng an das Gutachten anlehnt. Das hat einerseits mit der hohen Qualität der Gutachten zu tun: Warum sollte die Behörde nicht dem Gutachten folgen, wenn es vollständig, in sich schlüssig und nachvollziehbar ist? Und außerdem sind die Sachbearbeiter bei der Behörde an gesetzliche Regelungen gebunden, und das heißt, dass man dort nicht willkürlich von den Empfehlungen eines korrekten Gutachtens abweichen kann.

De facto (das heißt den tatsächlichen Verhältnissen nach) entscheidet in den meisten Fällen sehr wohl der Gutachter über Ihren Führerschein.

Soll ich mich gegen die Untersuchung wehren?

Sie können natürlich auch der Meinung sein, in Ihrem speziellen Fall sei eine MPU absolut nicht notwendig. Ihnen müsste jeder halbwegs vernünftige Mensch den Führerschein auch ohne Gutachten wieder erteilen. Unternehmen allerdings können Sie gegen die Aufforderung zur Begutachtung vorerst nichts.

Das liegt daran, dass eine MPU kein sogenannter belastender Verwaltungsakt ist, gegen den man – wie gegen jede Verwaltungsentscheidung – gerichtlich vorgehen könnte. Erst der Versagungsbescheid, mit dem Ihnen die Behörde mitteilt, dass es mit dem Führerschein vorerst nichts wird, wäre so ein belastender Verwaltungsakt. Weil die Gutachtensaufforderung kein Verwaltungsakt ist, kann sie auch nicht mit den Mitteln der Verwaltungsgerichtsbarkeit angefochten werden.

Ein bisschen anders sähe es aus, wenn ein grober, ein wirklich grober und offensichtlicher Entscheidungsfehler der Behörde vorliegt. In so einem Fall müsste es aber ausreichen, das Problem informell zu regeln. Das bedeutet, Sie gehen zum Sachbearbeiter und weisen ihn – in möglichst bedachten, ihn nicht verletzenden Worten – auf seinen Fehler hin. Bleibt er stur, dann hat er entweder doch Recht, und Sie sind einem juristischen Auslegungsfehler aufgesessen. Oder aber Sie gehen zum Amtsleiter. Blitzen Sie auch dort ab, dann schlucken Sie den Brocken, wenn Ihnen Ihr Seelenfrieden lieb ist.

Die Beweislast liegt bei mir

Der vom Richter ausgesprochene Führerscheinentzug bezieht sich auf eine Mindestsperrfrist (»Die Verwaltungsbehörde wird angewiesen, eine neue Fahrerlaubnis nicht vor dem … zu erteilen.«). Sie haben nach Ablauf der Sperrfrist also keinen automatischen Rechtsanspruch auf Wiedererteilung Ihrer Fahrerlaubnis. Die Situation ist jetzt völlig anders als damals, als Sie erstmalig Ihren Führerschein beantragten.

Damals (wir setzen einfach voraus, dass Sie seinerzeit noch ein unbeschriebenes Blatt waren, nicht etwa mit dem Moped schon Punkte gesammelt hatten) existierte keine aktenkundige

---

Es ist nicht möglich, mit juristischen Schritten gegen die Gutachtensaufforderung der Führerscheinstelle vorzugehen, da es sich um keinen »belastenden Verwaltungsakt« handelt.

Vorgeschichte. Zu jener Zeit musste die Behörde davon ausgehen, dass Sie – nach bestandener Fahrprüfung – zum Führen eines Kraftfahrzeuges der beantragten Klasse geeignet sein würden.

Als unbeschriebenes Blatt, als unbescholtener Bürger, hatten Sie Anspruch auf eine generelle Eignungsvermutung. Sie hatten die guten Karten, und die Behörde hatte handeln müssen. Jetzt aber sind Sie bescholten, jetzt liegt etwas Rechtsverwertbares – nämlich die Trunkenheitsfahrt(en) – gegen Sie vor, jetzt darf die Behörde Zweifel haben und auf diesen Zweifeln beharren, bis sie von Ihnen widerlegt sind.

6 Gerichtsverhandlung und MPU-Verwaltungsverfahren

Vor dem geschilderten Hintergrund wird Ihnen jetzt auch der grundlegende Unterschied zwischen dem Verwaltungsverfahren zur Wiedererteilung der Fahrerlaubnis und Ihrem Strafverfahren wegen der Trunkenheitsfahrt klar. Beide Male unterstellt man Ihnen unerfreuliche Dinge. Aber vor Gericht galten Sie bis zum Beweis des Gegenteils, also bis zum Urteil, als unschuldig. Hätte Ihnen damals der Staatsanwalt nicht nachweisen können, dass Sie gefahren sind, dann hätte Sie der Richter nicht verurteilen können, auch wenn er gefühlsmäßig ganz stark von Ihrer Täterschaft überzeugt gewesen wäre. Sie waren im Grund in einer passiven Rolle, Sie konnten sich gegen die Vorwürfe verteidigen, mussten aber nicht. Sie hätten genauso gut auch stumm und reglos die Verhandlung über sich ergehen lassen können. Hätte der Staatsanwalt den Tatnachweis nicht geschafft, dann wäre Ihnen gar nichts passiert.

In Ihrem jetzigen Verwaltungsverfahren zur Wiedererteilung der Fahrerlaubnis gelten Sie bis zum Beweis des Gegenteils, also bis zum Gutachten, als ungeeignet zum Führen eines Kraftfahrzeugs. Können Sie den Gutachter nicht von Ihrer Eignung überzeugen, so gelten Sie in den Augen der Verwaltungsbehörde weiterhin als ungeeignet, und Ihr Führerschein bleibt entzogen. Sie sind jetzt zwangsweise in einer sehr aktiven Rolle, Sie müssen handeln. Tun Sie nichts, indem Sie zum Beispiel gar nicht zur Begutachtung erscheinen oder benötigte Angaben verweigern, dann schlägt diese Passivität voll gegen Sie zurück – die Zweifel sind nicht ausgeräumt, sie bleiben bestehen, Ihr Führerschein bleibt in der Schublade.

Ich muss handeln

Die rechtliche Situation vor, während und nach einer MPU ist für einen Laien nicht ganz einfach zu durchschauen, vor allem deswegen nicht, weil hier zwischen oberflächlichem Augenschein und tatsächlicher Rechtslage in mancher Hinsicht doch ein erheblicher Unterschied besteht.

Ihre momentane Situation des Ersuchens, des Bittens, der Ungewissheit ist sicher nicht sehr erfreulich, sie mag Ihnen in mancher Stunde noch demütigender erscheinen, als sie ohne-

> *Auf den Punkt gebracht: In einem Verwaltungsverfahren zur Wiedererteilung der Fahrerlaubnis tragen immer Sie die volle Beweislast. Tun Sie nichts, so bleibt alles, wie es ist: Der Führerschein bleibt entzogen.*

hin schon ist. Es leiten sich aber aus der Rechtslage auch Vorteile für Sie ab, die Sie leicht verschenken, wenn Sie allzu blauäugig Augenschein und gesundem Menschenverstand vertrauen.

Es könnte Ihnen leicht so vorkommen, als *zwinge* die Verwaltungsbehörde Sie zu einer medizinisch-psychologischen Untersuchung, die Sie nun in jedem Fall machen müssen. Dem ist nicht so: Die Verwaltungsbehörde äußert Zweifel an Ihrer Fahreignung und teilt Ihnen mit, dass Sie diese Zweifel durch das positive Gutachten einer medizinisch-psychologischen Untersuchungsstelle ausräumen können. Wenn Sie nun auf Ihren Führerschein verzichten, ist die Sache für Sie erledigt, und die Behörde wird nicht weiter in Sie dringen. Sollten Sie jedoch weiterhin an Ihrem Führerschein interessiert sein – und natürlich sind Sie das –, so ordnet die Führerscheinbehörde die Begutachtung an. Sie sind gezwungen, dieser Anordnung zu folgen.

Konkret heißt das: Sie müssen aktiv werden. *Sie* müssen diese Untersuchung bei einer Begutachtungsstelle in Auftrag geben, *Sie* müssen die Behörde bitten, Ihre Führerscheinakte – oder Auszüge daraus – an die Begutachtungsstelle zu schicken und damit das Begutachtungsverfahren in Gang zu bringen.

Die Rechtslage zwingt Sie also, nicht nur freiwillig mitzumachen, sondern das ganze Spiel überhaupt erst anzufangen. Gehen Sie darauf nicht ein, so bleibt Ihr Führerschein dort, wo er die ganze Zeit über war, nämlich bei der Behörde.

Ich muss schnell handeln

»Gut Ding will Weile haben«, und nicht nur »Gottes Mühlen mahlen langsam«. Bei Ihrer zuständigen Führerscheinstelle ebenso wie bei den medizinisch-psychologischen Untersuchungsstellen müssen Sie Bearbeitungszeiten einkalkulieren,

> *Von der Behörde wird die medizinisch-psychologische Untersuchung zwar angeordnet, Sie müssen sich auf das Verfahren aber nicht einlassen. Ohne Ihre aktive Teilnahme gibt es allerdings den Führerschein nicht zurück.*

die Ihr Verfahren zur Wiedererteilung der Fahrerlaubnis in die Länge ziehen. Fairerweise muss man allerdings sagen: Die Zeiten haben sich geändert, und nicht zuletzt die Konkurrenz der Anbieter hat inzwischen zu erheblich kürzeren Warte- und Bearbeitungszeiten geführt.

- Wenn Sie bei der medizinisch-psychologischen Untersuchungsstelle anrufen, sollte man Ihnen nicht nur die Gebühren mitteilen, sondern auch, bis wann Sie mit einem Termin rechnen können. Meistens werden Sie zwar erst, nachdem Sie die Gebühr überwiesen haben, einen verbindlichen Termin bekommen. Drängen Sie aber auf kurzfristige, unbürokratische Terminvergabe nach Ihrem Zahlungseingang, und äußern Sie Ihre Terminwünsche. Sie sind kein Bittsteller, sondern Kunde! Machen Sie die Wahl Ihrer Untersuchungsstelle ruhig davon abhängig, wie man mit Ihnen in solchen Dingen umgeht. Teilen Sie jener Begutachtungsstelle, zu der Sie dann doch nicht gegangen sind, ruhig mit, dass Sie die Konkurrenz wegen der freundlicheren Art des Umgangs mit Ihnen und der prompteren Bedienung bevorzugt haben.

- Von dem Tag, an dem Sie zur Untersuchung erscheinen, bis zu dem Tag, an dem Sie das fertige Gutachten in Händen halten, vergeht wieder Zeit. Die Untersuchungsstellen sind dringend gehalten, ein Gutachten spätestens zehn Arbeitstage (also zwei ganze Wochen) nach dem Untersuchungstermin zu versenden. Benötigt der Gutachter zur Fertigstellung des Gutachtens noch irgendwelche Unterlagen von Ihnen (ärztliche Bescheinigungen zum Beispiel), kann sich die Frist noch mal erheblich verlängern.

- Wenn Sie dann nicht, wie erhofft, ein positives Gutachten bekommen, sondern eine Kursempfehlung, dann verstreicht wiederum Zeit, bis Sie endlich einen Termin für den Kurs bekommen und schließlich die erforderliche Teilnahmebescheinigung in der Hand halten. Die Kurse erstrecken sich je nach Anbieter und Kursmodell über mehrere – im günstigsten Fall drei – Wochen.

Das heißt, es kann Ihnen, wenn Sie Ihre Angelegenheit nicht konsequent betreiben, leicht passieren, dass sich die Zeit des Führerscheinentzugs trotz (leidlich) positiven Gutachtens erheblich über die gerichtliche Sperrfrist hinaus verlängert. Bis vor gar nicht so langer Zeit war es Praxis, dass man einen Führerscheinbewerber erst nach Ablauf der Sperrfrist über-

Das mit einer MPU verbundene Wiedererteilungsverfahren dauert in jedem Fall lang. Verschenken Sie also keine Zeit, gehen Sie frühzeitig zu Ihrer Führerscheinstelle, lassen Sie sich klipp und klar darlegen, welche Formalien Sie zu erledigen haben und was Sie sonst noch tun können, um das Verfahren in Gang zu setzen und zu einem positiven Ausgang zu bringen.

haupt bei der Begutachtungsstelle zur Untersuchung empfangen durfte.

Nach der jetzigen Verwaltungspraxis können Sie drei Monate vor Ablauf der Sperrfrist einen Antrag auf Führerschein-Wiedererteilung stellen und dürfen dann, sobald Sie einen Termin bekommen, zur Untersuchung erscheinen. Diese drei Monate sollten Sie nützen, in diesem Zeitrahmen sollten Sie keine Zeit verschenken. Tipp: Fragen Sie bei der Behörde nach, ob Sie den Antrag eventuell sogar schon früher stellen können.

Das Gutachten ist mein Eigentum
Aus dem Dargelegten folgt, dass Sie der Auftraggeber des Gutachtens sind. Sie schließen mit der Begutachtungsstelle für Fahreignung einen Werkvertrag ab, der diese verpflichtet, Ih-

nen gegenüber eine Dienstleistung zu erbringen, also eine Untersuchung durchzuführen und dann ein Gutachten zu erstellen. Sie bezahlen die ganze Untersuchung, das abschließend erstellte Gutachten ist logischerweise Ihr Eigentum, über das Sie nach Belieben verfügen können. Ihnen gehört dabei nicht nur das Schriftstück, also das Stück Papier, auf dem es geschrieben steht. Sie sind auch Eigentümer der im Gutachten enthal-

---

Lassen Sie sich das fertige Gutachten immer an Ihre Adresse schicken. Lesen Sie das Gutachten durch, bevor Sie es weitergeben. Verlangen Sie eine Korrektur, wenn nachweislich (wirklich nachweislich!) Falsches darin steht.

---

tenen Information. Mit diesem Eigentum sollten Sie sorgsam und überlegt umgehen.

Spätestens bei der Begutachtungsstelle für Fahreignung wird man Ihnen ein Formular vorlegen, auf welchem Sie ankreuzen sollen, ob das fertige Gutachten an Ihre eigene Adresse geschickt werden soll oder ob es die Begutachtungsstelle direkt an die Behörde schicken darf, während Sie nur eine Kopie erhalten. Dieses Kreuzchen ist sehr wichtig, denn ohne Ihre ausdrückliche Einwilligung darf das Gutachten an keinen Dritten – also auch nicht an die Verwaltungsbehörde – weitergeleitet werden. Mehr noch: Die Begutachtungsstelle darf die Behörde von sich aus – ohne Ihre ausdrückliche und schriftliche Zustimmung – nicht einmal darüber informieren, ob Sie überhaupt zur Begutachtung erschienen sind, geschweige, wie das Gutachten ausgefallen ist. Wir kommen darauf später noch zurück.

In einem solchen Gutachten kann sehr viel über Sie stehen; umso mehr, je sorgfältiger es gemacht wurde, je ausführlicher also der Gutachter seine Befunde darstellt. Manches von dem, was drinsteht, könnte Ihnen peinlich sein, Dinge, die nicht unbedingt jeder wissen muss. Ist das Gutachten positiv oder empfiehlt es einen Nachschulungskurs, dann müssen Sie es natürlich abgeben, um Ihren Führerschein zu bekommen. Ist es jedoch negativ – und die negativen Gutachten sind meistens auch die ausführlicheren –, so haben Sie keinerlei Nachteile, wenn Sie das Gutachten nicht abgeben. Ihren Führerschein bekommen Sie in einem solchen Fall – vorerst jedenfalls – sowieso nicht.

Geben Sie das Gutachten aber aus der Hand, so werden alle darin über Sie enthaltenen Informationen sogleich aktenkundig – ein Umstand, der sich bei einem folgenden Gutachten auch gegen Sie richten kann. Eine Information kommt sehr leicht in eine behördliche Akte. Sie von dort wieder herauszubekommen ist dagegen sehr schwer und aufwändig.

Andererseits ist aber auch Folgendes zu bedenken: Der Sachbearbeiter Ihrer Führerscheinstelle ist ein Fachmann im Lesen und Interpretieren solcher Gutachten. Er kann Mängel am Gutachten erkennen, die Sie dann mit der Bitte um Berichtigung bei der Begutachtungsstelle beanstanden können. Er kann Ihnen aber auch – vielleicht das Wichtigste – nach einem negativen Gutachten Tipps geben, was Sie bis zur nächsten MPU machen können und sollten, um dann ein positives Ergebnis zu erzielen. Eine Besprechung des Gutachtens an der Behörde hat also auch Vorteile.

Fassen wir zusammmen:

- Sie sind Auftraggeber und Eigentümer des Gutachtens.
- Sie lassen sich das Gutachten nach Hause schicken, lesen es

sorgfältig durch und entscheiden dann, ob es für Sie vorteilhaft ist, das Gutachten an die Behörde weiterzuleiten.

• Besprechen Sie Ihr negatives Gutachten mit dem Sachbearbeiter der Führerscheinbehörde, nehmen es dann aber wieder mit nach Hause, damit es nicht in Ihrer Führerscheinakte landet.

Es gibt keine regionale Zuständigkeit beim Untersuchungsort

Wir hatten davon gesprochen, dass Sie der Auftraggeber des Gutachtens sind. Sie schließen ganz formlos, indem Sie um einen Untersuchungstermin bitten, mit der Begutachtungsstelle einen (privatrechtlichen) Werkvertrag ab. Wie bei der zweijährigen Hauptuntersuchung Ihres Autos gibt es auch bei einer MPU keine örtliche Zuständigkeit. Welche Begutachtungsstelle für Fahreignung Sie mit der Untersuchung beauftragen, liegt allein in Ihrem Ermessen. Die von Ihnen gewählte Untersuchungsstelle muss nur im Bundesgebiet liegen und als Begutachtungsstelle akkreditiert sein.

Sie sagen, es sei egal, wo Sie sich ausfragen lassen? Sie haben Recht. Vielleicht werden Sie aber die Erfahrung machen, dass alle möglichen Bekannten und Unbekannten (zum Beispiel im Internet), die sich vor Ihnen einer MPU unterziehen mussten, Sie reichlich mit Geheimtipps versorgen. »Geh ja nicht nach X«, sagt der eine, »dort sind sie ganz scharf, versuch es lieber gleich in Y, dort sind deine Chancen größer!« Ein zweiter bestätigt diese Einschätzung, während ein dritter »Fachmann« gerade X als optimale Untersuchungsstelle empfiehlt.

Die beste Untersuchungsstelle

In den vergangenen Jahren hat sich auf diesem Gebiet eine Menge getan, vor allem, seit in allen Bundesländern neben den

TÜVs auch andere Träger von Untersuchungsstellen zugelassen wurden.

Als Hauptargument gegen die Zulassung von »TÜV-Konkurrenz« war immer wieder zu hören, dass in einer solchen Konkurrenzsituation die verschiedenen Untersuchungsstellen sich gegenseitig mit kundenfreundlichen, sprich: positiveren Gutachtensquoten die Kundschaft abwerben würden.

Ein durchaus ernst zu nehmendes Argument. Weil aber jeder dieses Problem kennt, will niemand auch nur den Eindruck erwecken, er schiele über hohe Positivquoten nach neuer Kundschaft. Das heißt, die Beurteilungsunterschiede zwischen den einzelnen MPU-Anbietern sind vernachlässigbar gering.

Entscheidend aber ist vor allem, dass die Bundesanstalt für Straßenwesen (BASt) als Akkreditierungs- und Aufsichtsbehörde die Untersuchungsstellen in regelmäßigen Zeitabständen sehr genau unter die Lupe nimmt. Folglich kann es sich keine Untersuchungsstelle leisten, sachlich nicht gerechtfertigte, besonders hohe Positiv- oder auch Negativquoten zu haben. Für alle Stellen gelten die Begutachtungs-Leitlinien verbindlich, die einzelnen Gutachter wechseln über die Jahre hinweg auch mal den Arbeitgeber, und so kommt es zu einer weitgehenden Annäherung der Begutachtung.

Achten Sie lieber beim ersten Kontakt auf Aspekte wie Freundlichkeit, unbürokratische Abwicklung, schnelle Terminvergabe etc. Auf diese Weise haben Sie zumindest die Gewissheit, dass Sie für Ihr Geld zuvorkommend und korrekt behandelt werden.

7 Was nützen verkehrspsychologische Schulungen vor der MPU?

Führerscheinprobleme? Gutachten negativ? Wir helfen zuverlässig! Tel. …

Führerscheinentzug? Vorbereitung auf medizinisch-psychologische Untersuchung und verkehrspsychologische Gutachten. Tel. …

Führerscheinverlust durch Alkohol? Wir helfen durch psychologische Beratung, Begutachtung (auch Gegengutachten) und Schulung. Tel. …

Führerscheinentzug – Wir sagen Ihnen, was Sie über eine medizinisch-psychologische Untersuchung wissen sollten. In unserem zweitägigen Vorbereitungsseminar geben wir Sicherheit durch Information. Tel. …

Früher, als der Führerschein noch selbstverständlicher Bestandteil Ihres Lebens war, haben Sie dergleichen Anzeigen vermutlich einfach überlesen, sie allenfalls als Kuriosität am Rande wahrgenommen. Inzwischen sind das Ihre Sorgen. Zumindest dann, wenn Sie bereits eine negative Begutachtung hinter sich haben, werden Sie diese oder ähnliche Anzeigen kennen.

Die Anbieter von verkehrspsychologischen Schulungen

Alle versprechen Sie Ihnen Hilfe bei Ihrem Problem, prompte und zuverlässige Hilfe. In Gruppen- oder Einzelschulungen werden Sie – so sagen sie – auf die medizinisch-psychologische Untersuchung vorbereitet. Manche behaupten, Sie würden dort lernen, was der Gutachter gern hört, was Sie dann befähigen soll, ein positives Gutachten oder zumindest eine Kurszuweisung nach Hause zu tragen.

Ist Ihr Ärger mit der MPU besonders hartnäckig, so versprechen Ihnen einige Anbieter – als Gipfel der Serviceleistung – auch ein »Gegengutachten«, mit dem das negative MPU-Gutachten »abgeschossen« werden soll. Die Honorare für solche Dienstleistungen überschreiten dabei ganz schnell die Tausend-Euro-Grenze, selbst Beträge über 5000 Euro sind nicht selten und – besonders raffiniert – mit »Geld-zurück-Garantie«, wenn es dann bei der MPU nicht klappen sollte…

Der Markt für solche Hilfestellungen ist groß, und es ist erschreckend, wie viel Geld manch einer ausgibt im verzweifelten Bemühen, den begehrten Lappen zurückzubekommen.

Diese Einsatzbereitschaft ist andererseits aber wieder verständlich, denn vom Führerschein hängt sehr viel ab. Wenn er nicht ohnehin für die Berufsausübung absolut notwendig ist, so ist er zumindest für die normale Lebensführung in unserer Gesellschaft wünschenswert. Gerade auf dem Land ist der Führerscheinentzug eine mittlere Katastrophe, für Alleinstehende auf dem Dorf ist er fast so etwas wie Hausarrest. Es kommt hinzu, dass der Erwerb des Führerscheins mit 18 Jahren heute so etwas wie die Eintrittskarte in das Leben der Erwachsenen ist. So gesehen ist der Führerscheinentzug auch eine Art Entmündigung, der Verlust der sozialen Vollwertigkeit.

Im Prinzip ist die Bereitschaft, für die Wiedererteilung der Fahrerlaubnis einiges an Zeit, Geld und Mühe zu investieren, also eine ausgesprochen sinnvolle Sache. Eine gute – sprich: seriöse und sachkundige – verkehrspsychologische Maßnahme vor der MPU kann dazu beitragen, dass Sie die Untersuchung mit einem positiven Ergebnis abschließen – berechtigterweise – und nicht nur irgendwie durchgerutscht sind.

Was ist aber zu beachten, damit Sie nicht an eines der zahlreichen schwarzen Schafe geraten, deren einzige Kunst darin besteht, Ihnen das Geld aus der Tasche zu ziehen?

Verkehrspsychologische Berater und »Berater«

Welche dieser Anbieter und Schulungen kann man empfehlen und welche nicht? Wer kassiert mich einfach nur ab, und wo bekomme ich für mein Geld eine entsprechende Gegenleistung?

Am einfachsten wäre für Sie natürlich eine Liste seriöser Institute und verkehrspsychologischer Berater. Aber das geht nicht. Die Zahl der Anbieter im gesamten Bundesgebiet ist groß, es finden laufend Veränderungen statt, eine Art Verbrauchertest ist unmöglich. Eine solche Liste wäre unfair denjenigen seriösen Anbietern gegenüber, die einfach übersehen wurden oder die auf ihr noch nicht auftauchen, weil ihre Praxis erst nach dem Erscheinen des »Testknackers« eröffnet wurde.

Es gibt »verkehrspsychologische Berater §71 FeV«. Das sind behördlich anerkannte Psychologen, die das Recht haben, verkehrspsychologische Gespräche zum Punkteabbau durchzuführen. Ansonsten aber finden sich unter dem Begriff »verkehrspsychologischer Berater« die unterschiedlichsten Leute mit den unterschiedlichsten Fähigkeiten und Erfahrungen: Es kann sich um große Anbieter mit Dutzenden hoch qualifizierter Verkehrspsychologen handeln, manchmal ist es aber auch nur ein einzelner Berater (mit oder ohne Fachkompetenz), dessen »Institut« aus einer Einzimmerpraxis besteht.

Allein die Größe eines Anbieters ist andererseits aber auch noch keine Garantie für die Qualität des Angebots. Anders als bei den Begutachtungsstellen prüft nämlich (bisher) niemand die Qualifikation eines verkehrspsychologischen Beraters, so dass viele Schafe auf dieser Weide grasen.

Woran erkenne ich die »Schwarzen Schafe«?

Der nahezu unkontrollierte Wildwuchs auf dem Gebiet der MPU-Vorbereitung sollte Sie nicht davon abhalten, seriöse fachliche Hilfe in Anspruch zu nehmen. Ganz hilflos sind Sie auf Ihrer Suche nach einem seriösen Anbieter nämlich nicht. Es gibt gewisse Kriterien, an denen Sie einen kompetenten MPU-Berater von jenem Scharlatan unterscheiden können, der Ihnen lediglich Geld aus der Tasche zieht, ohne Ihnen dafür einen angemessenen Gegenwert bieten zu können.

Vorsicht ist geboten

- *bei Erfolgsgarantie:* Wenn Ihnen MPU-Berater garantieren, dass Sie nach dem Kurs oder der Einzelberatung die MPU auf jeden Fall bestehen werden, dann ist das so, als würde Ihnen ein Arzt garantieren, dass Sie durch seine Behandlung wieder gesund werden – und das noch, bevor er Sie untersucht und eine Diagnose gestellt hat. Jeder MPU-Berater kann Ihnen immer nur eine helfende Hand anbieten und Sie ein Stück auf dem Weg zum Führerschein begleiten. Gehen müssen Sie den Weg auf jeden Fall selbst. Wie erfolgreich die Beratung bei einem verkehrspsychologischen Berater ist, hängt immer auch von Ihnen selbst ab;
- *bei »Geld-zurück-Angeboten«:* Die Garantie, dass Sie bei Nichtbestehen der MPU die bezahlte Gebühr zurückerhalten, klingt nun wirklich nach dem fairsten aller Angebote:

Der MPU-Berater ist fachlich so qualifiziert, dass er sich diese großzügigen Konditionen leisten kann.

Wenn Sie den »Testknacker« im Buchhandel nicht als normalen Ratgeber erstanden hätten, sondern als Wundermittel mit magischen Kräften, hätten Sie für das magische Requisit gern auch 100 Euro über den Ladentisch gereicht, statt der läppischen paar Euro für ein normales Taschenbuch. Die Erfolgsquote bei der MPU liegt bei etwa 60 Prozent (rund 45 Prozent positiv plus 15 Prozent Kursempfehlung). Sie sehen, die Rechnung würde für uns auch dann aufgehen, wenn alle unsere Leser den »Testknacker« nicht lesen würden, sondern ihn lediglich vor der MPU unters Kopfkissen legten.

Die Geld-zurück-Garantie sagt also nichts über die Qualität der angebotenen Beratung aus. Ohnehin muss sie durch Klauseln im Kleingedruckten in der Praxis nie eingelöst werden;

- *beim Drill auf bestimmte Verhaltensweisen:* Manche verkehrspsychologischen Berater verpflichten ihre Kunden vertraglich zu bestimmten Verhaltensweisen bei der MPU. Mit gespielten Rollen werden Sie niemanden überzeugen, wenn Sie nicht George Clooney oder Julia Roberts sind. Und selbst ein oscarverdächtiger Schauspieler ist auf lange, intensive Proben sowie auf die genau kalkulierte Reaktion seiner Partner angewiesen, um wirklich überzeugend rüberzukommen;

- *bei reiner Fragenvorbereitung:* Wenn der »Berater« Ihnen ein Frage-und-Antwort-Spiel anbietet, dabei vielleicht sogar noch die »richtigen« Antworten vorgibt, dann sind Sie mit Sicherheit an der falschen Stelle. Die MPU-Gutachter arbeiten nicht mit Standardfragen;

- *beim Angebot von Gegengutachten:* Jeder verkehrspsychologische Berater kann Ihnen ein positives Gutachten schreiben, ganz klar. Ein Gegengutachten eines verkehrspsychologischen Beraters ist aber auch nicht mehr wert als eines von Ihrem Nachbarn Heinz. Von der Behörde anerkannt werden nur Gutachten, die von ausgebildeten Gutachtern bei einer akkreditierten Begutachtungsstelle für Fahreignung angefertigt worden sind. Dieser Gutachter kann aber naturgemäß nicht gleichzeitig Ihr verkehrspsychologischer Berater sein. Der Vergleich ist zwar ein wenig schief, aber es wäre in etwa so, als würde in einem Strafprozess der Anwalt des Angeklagten das Urteil formulieren;

> *Wer immer Ihnen den Erfolg garantiert, ist ein Scharlatan, auch wenn er Prof. Dr. mit Vornamen heißt!*

- *bei Crash-Kursen mit Erfolgsgarantie:* Auf der Suche nach Lösungsmöglichkeiten für Ihre MPU-Probleme finden Sie möglicherweise Angebote, die Ihnen in Crash-Kursen von einem halben Tag oder einem Wochenende die Lösung aller Führerscheinprobleme versprechen. Ein von Könnern in der Kunst der Gruppendynamik geleitetes intensives Wochenende in einem abgeschiedenen Tagungslokal auf dem Lande und mit einer Teilnehmerzahl von maximal zehn Leuten kann Sie möglicherweise auf dem Weg zum MPU-Erfolg ein gutes Stück voranbringen. Ein halbtägiges »Seminar«, in dem ein Guru 80 Teilnehmern das richtige Verhalten bei der MPU einhämmert, ist sicher für die Katz.

Sicherheit bieten qualifizierte verkehrspsychologische Berater

Ein sachkundiger verkehrspsychologischer Berater

- hat ein Hochschulstudium als Diplompsychologe abgeschlossen. Die Berufsbezeichnung »Psychologe« ist zwar geschützt; aber jedermann kann sich das Wort »Psychologe« auf ein Schild malen lassen und dieses Schild dann an seine Haustür hängen, so lange, bis es eben auffällt. Als qualifizierte Berufsbezeichnung rechtlich geschützt ist in jedem Fall der Begriff »Diplompsychologe«. Achten Sie darauf, dass Ihr verkehrspsychologischer Berater diesen Titel führt. Eine Mitgliedschaft bei einem Verband von psychologischen Beratern sagt in dieser Hinsicht überhaupt gar nichts aus. Wenn selbst ernannte Berater einen Verein gründen, dann ist dieser Verein nichts weiter als eben ein Zusammenschluss von selbst ernannten Beratern;

- hat selber frühere Erfahrung als verkehrspsychologischer Gutachter und tauscht sich auch jetzt noch fachlich mit MPU-Gutachtern aus, um sich über die neuesten Entwicklungen auf dem Laufenden zu halten;

- hat idealer-(nicht notwendiger-)weise auch noch eine verkehrspsychologische Zusatzqualifikation. Dies könnte beispielsweise der Titel »Fachpsychologe für Verkehrspsychologie« vom Berufsverband deutscher Psychologen (BDP) sein. Fragen Sie danach!

- Wenn es sich um ein Beratungs*institut* handelt, sind Sie bei solchen Instituten sicher nicht fehl am Platz, die neben der MPU-Vorbereitung auch noch Nachschulungskurse mit Rechtsfolge (wir kommen noch darauf) machen dürfen. Diese Institute sind für den Bereich der Nachschulungskurse durch die Bundesanstalt für Straßenwesen (für den Bereich

§70 FeV) akkreditiert, haben also eine sehr harte Überprüfung hinter sich.

Fassen wir zusammen:

- Von verkehrspsychologischer Beratung und Schulung vor der MPU ist nicht abzuraten.
- Im Gegenteil, dadurch können die Chancen auf eine positive MPU und den späteren Erhalt des Führerscheins erheblich steigen.
- Dabei gilt das Prinzip: Je früher, desto besser.
- Aber es ist Vorsicht und gesundes Misstrauen geboten. Nehmen Sie bei der Auswahl des Anbieters die genannten Kriterien als Leitfaden.
- Gegengutachten eines verkehrspsychologischen Beraters sind immer wertlos (aber nie kostenlos!).

Die Verkürzung der Sperrfrist

Unter bestimmten Umständen kann es für Sie ausgesprochen vorteilhaft sein, noch lange vor der (ersten) MPU, möglichst am Anfang der Sperrfrist, eine verkehrspsychologische Schulung zu besuchen.

Im Strafgesetzbuch heißt es in Paragraf 69a, Abs.7: »Ergibt sich Grund zu der Annahme, dass der Täter zum Führen von Kraftfahrzeugen nicht mehr ungeeignet ist, so kann das Gericht die Sperre vorzeitig aufheben.«

Ein gewichtiger »Grund zu der Annahme« wäre beispielsweise Ihr freiwilliger Besuch einer verkehrspsychologischen Schulungsmaßnahme. Der Gesetzgeber hat etwas getan, eine solche Möglichkeit auch tatsächlich attraktiv zu machen. Früher hat es sich nämlich oft gar nicht gelohnt, einen Antrag auf Verkürzung der Sperrfrist zu stellen, weil die Mindestsperrfrist per Gesetz sechs Monate betrug. Inzwischen ist die Mindest-sperrfrist auf nur drei Monate abgesenkt, um die Teilnahme an einem verkehrspsychologischen Schulungskurs attraktiver zu machen. Auch jemand, der eine Sperrfrist von »nur« sechs oder sieben Monaten bekommen hat, kann nunmehr durch den Besuch einer geeigneten Schulungsmaßnahme in den Ge-nuss einer Sperrfristverkürzung kommen. Das heißt für Sie: Wenn Sie nicht allzu oft und mit nicht allzu viel Promille im Straßenverkehr aufgefallen sind und darüber hinaus die »rich-tige« Schulung besuchen, können Sie beim zuständigen Ge-richt eine Verkürzung der Sperrfrist beantragen.

Sie fragen, was unter »nicht allzu oft« und »nicht allzu viel« und unter »richtige Schulung« zu verstehen ist? Wirklich zu-friedenstellend können wir Ihnen diese Frage nicht beantwor-ten, weil allgemein verbindliche Kriterien für eine Sperrfrist-verkürzung (noch) nicht existieren. Nach den Erfahrungen ist die Messlatte an den verschiedenen Gerichten unterschiedlich hoch, auch in den einzelnen Bundesländern unterscheidet sich die Praxis zum Teil erheblich.

Dennoch nehmen die Anträge auf Verkürzung der Sperrfrist deutlich zu. Und vor allem werden immer mehr dieser Anträge positiv beschieden! Etwas vereinfacht kann man sagen: Ein Monat Verkürzung ist meistens drin, was für einen Berufskraft-fahrer oder Handelsvertreter ein riesiger Gewinn sein kann. Es sind aber auch Fälle bekannt, bei denen die Verkürzung der Sperrfrist mehr als sechs Monate betrug.

Ein halbes Jahr weniger Führerscheinentzug durch die Teil-nahme an einer verkehrspsychologischen Maßnahme – dar-über lohnt es sich nachzudenken.

Bei der Teilnahme an einer Schulungsmaßnahme zur Sperr-fristverkürzung ist eine sorgfältige Auswahl des Anbieters natürlich noch wichtiger. Schließlich wollen Richter oder Staatsanwalt sichergehen, dass Sie eine wirksame Schulungsmaßnahme besucht haben und nicht einfach irgendwo eine gewisse Zahl von Stunden abgesessen haben.

Am besten gehen Sie so vor:

- Sprechen Sie mit dem Richter schon im Vorfeld über Ihre Absicht, einen solchen Kurs zu besuchen. Sondieren Sie also die Lage: Ist er für das Thema empfänglich oder eher nicht?

- Ihr nächster Schritt besteht darin, dass Sie zu einem Anbieter gehen (Kriterien beachten!), um sich zu einer Schulungsmaßnahme anzumelden. Die verschiedenen Schulungsträger haben unterschiedliche Angebote für die Sperrfristverkürzung, und man wird Sie dort über Ihre Möglichkeiten beraten.

- Geben Sie Ihre Teilnahmebescheinigung nach Abschluss sofort ab. Hier gilt noch mehr als sonst die Devise »Je schneller, desto besser«.

- Eine Schulungsmaßnahme und ein Antrag auf Verkürzung der Sperrfrist sind natürlich auch dann möglich und sinnvoll, wenn Sie keine MPU machen müssen, weil Sie weniger als 1,6 Promille hatten und Ersttäter sind. In einem solchen Fall ist die Wahrscheinlichkeit, einen geneigten Richter zu finden, sogar erheblich höher.

8 Soll ich medizinische Nachweise vor der MPU sammeln?

Sie haben aus den bisherigen Ausführungen zur MPU schon entnommen: Besonders kommt es auf den Psychologen bzw. den psychologischen Teil der Untersuchung an. Denn nur im Gespräch mit dem Psychologen können die entscheidenden Fragen geklärt werden: Wie ist es zu meinen Auffälligkeiten im Verkehr gekommen? Was habe ich daraus gelernt? Welche Verhaltensänderungen habe ich mir vorgenommen? Wie schaffe ich es in Zukunft, nicht wieder in alte Verhaltensweisen zurückzufallen? Deshalb ist es sinnvoll und wichtig, sich vor der MPU mit solchen Fragen zu beschäftigen – sinnvollerweise mit Hilfe seriöser verkehrspsychologischer Maßnahmen. Das wurde im vorangegangenen Kapitel erläutert. Aber natürlich stellt sich auch die Frage: Wie kann ich mich »medizinisch« auf die MPU vorbereiten?

Urinscreenings und Haaranalyse: medizinische Nachweise vor einer Drogen-MPU

Um es auf einen einfachen Nenner zu bringen: Eigentlich macht es gar keinen Sinn, eine MPU anzutreten, wenn Drogen der Anlass für die MPU sind und Sie keine medizinischen Nachweise darüber bringen können, dass Sie seit längerer Zeit (Faustregel: mindestens 6 Monate) drogenfrei leben. In einer Drogen-MPU müssen Sie einen solchen hieb- und stichfesten labortechnischen bzw. biochemischen Nachweis immer bringen. Denn der Gesetzgeber verlangt von jedem motorisierten Verkehrsteilnehmer, dass er drogenfrei lebt. Einzige Ausnahme: der gelegentliche Cannabis-Konsument, der in der MPU nachweisen kann, dass er Fahren und THC-Einfluss (THC ist der Wirkstoff von Cannabis) zuverlässig trennen kann.

Im Drogenfall lautet die Antwort auf unsere Eingangsfrage also eindeutig: Ja, Sie sollen und Sie müssen sogar vor der MPU medizinische Nachweise für Ihre Drogenfreiheit sammeln. Im Kapitel »Ablauf der Drogen-MPU« finden Sie dazu alle wichtigen Einzelheiten.

Abstinenz-Check: der neue medizinische Nachweis für Alkoholabstinenz

Viele, die die leidvolle Erfahrung einer Trunkenheitsfahrt und ihrer Folgen hatten, schwören sich: Nie wieder Alkohol! Oder zumindest längere Zeit kein Alkohol mehr! Und viele halten das auch tapfer durch. Wer auf Alkohol komplett verzichtet, hatte allerdings bisher keine Möglichkeit, dies durch einen Labortest zu belegen. Ein Urinscreening oder eine Haaranalyse wie im Drogenfall gab es nicht. Hier waren also gewissermaßen die Trinker gegenüber den Kiffern ausnahmsweise einmal eindeutig im Nachteil.

Zwar kann man durch die Bestimmung der sogenannten »Leberwerte« eine Schädigung der Leberzellen nachweisen. Umgekehrt aber beweisen normale Leberwerte eben nicht, dass einer nichts trinkt, denn die sogenannten »Leberwerte« steigen immer erst oder zumindest meistens nach erheblichem Alkoholmissbrauch über Jahre hinweg an – selbst bei regelmäßigem Alkoholkonsum bleiben Sie oft erstaunlich niedrig. Vor allem zeigt sich einmaliger oder kurzfristiger Alkoholkonsum – etwa beim Rückfall – nicht im Profil der »Leberwerte«. Kurzum: Mit den Leberwerten konnte man seine Abstinenz nicht nachweisen, auch wenn man sie konsequent eingehalten hat.

Das hat natürlich viele MPU-Kandidaten verunsichert: Was ist, wenn mir der Gutachter meine Abstinenz nicht glaubt? Und wie schön wäre es, wenn ich mit einem medizinischen Nachweis davon überzeugen könnte, dass ich keinen Alkohol mehr trinke!

Nun gibt es aber tatsächlich seit dem Jahr 2006 eine solche Möglichkeit. Das Zauberwort heißt »Ethylglucoronid (EtG)« bzw. »Abstinenz-Check«.

Ethylglucoronid

EtG ist ein Stoffwechselnebenprodukt von Ethanol und wird ausschließlich nach dem Konsum von Alkohol gebildet. Da es sich innerhalb von zwei bis vier Stunden nur jeweils auf die Hälfte seiner vorherigen Konzentration abbaut, ist es im Körper wesentlich länger nachweisbar als der Alkohol selbst.

Und jetzt kommt der Clou: Wenn Sie auf Alkohol verzichten, wenn Sie also abstinent leben, haben Sie niemals EtG im Urin. Umgekehrt: Wenn Sie Alkohol trinken, zeigt sich bei Ihnen danach immer für längere Zeit (jedenfalls mehr als 24 Stunden) EtG. Wenn man Sie jetzt innerhalb eines bestimmten Zeitraums (z.B. 6 oder 12 Monate) ein paar Mal kurzfristig zu einem Urintest einlädt, wird Folgendes passieren: Entweder Sie trinken noch Alkohol, dann werden Sie bei einem dieser sehr kurzfristig angekündigten Urintests »auffliegen«. Leben Sie aber alkoholabstinent, dann sind alle Ihre Urintests »sauber« und Sie können damit nachweisen, dass Sie tatsächlich keinen Alkohol mehr trinken.

Die Durchführung des Abstinenz-Checks:

Wie bei allen medizinischen Verfahren und Labortests ist es hier besonders wichtig, dass die wissenschaftlichen Standards eingehalten werden, damit die Urintests dann auch wirklich in der MPU verwertbar sind. Der Ablauf stellt sich im Groben wie folgt dar:

- Sie werden über die Durchführungsbedingungen aufgeklärt. Insbesondere müssen Sie auch den Konsum von alkoholhaltigen Medikamenten oder Speisezusätzen während des Zeitraums des Abstinenznachweises vermeiden.
- Die Abstinenz-Checks werden als Paket durchgeführt. Die Anzahl der Urianabgaben wird mit Ihnen vereinbart (4 in 6 Monaten oder 6 in 12 Monaten)
- Ihre Abstinenz-Checks werden Ihnen jeweils kurzfristig mit einem Vorlauf von 2 Tagen mitgeteilt

Darüberhinaus müssen eine Reihe von Kriterien erfüllt sein, wie z. B.: Identitätskontrolle bei der Urinabgabe, ärztliche Sicht bei der Urinabgabe, Messung des Verdünnungsgrads der Urinprobe etc. Wohlgemerkt: Diese »Auflagen« sind zu Ihrem Schutz. Denn Sie wollen ja nicht Ihr Geld zum Fenster hinauswerfen für unbrauchbare Urintests, die in der MPU dann nicht anerkannt werden. Erkundigen Sie sich daher beim Anbieter genau nach der Durchführung und nach der Einhaltung der Standards für »forensisch gesicherte und gerichtsverwertbare« Urintests. Bei großen institutionellen Anbietern wie etwa TÜV SÜD (der den Abstinenz-Check übrigens eingeführt hat) liegen Sie im Zweifelsfall richtig.

II Der Ablauf der MPU

Wenn auch viel seltener als noch vor zehn Jahren, so macht man doch als MPU-Gutachter immer noch die Erfahrung, dass etliche Menschen, die eine solche Untersuchung machen müssen, von Sinn und Bedeutung einer MPU keine Ahnung haben. Völlig unvorbereitet kommen sie zur Begutachtungsstelle, füllen dort brav die Fragebögen aus, strecken beim Arzt ganz klaglos den Arm zum Blutabnehmen hin und lassen sich schließlich widerstandslos vom Psychologen ausfragen. Anschließend verlassen sie die BfF, ohne wirklich mitbekommen zu haben, was in diesen drei bis fünf Stunden mit ihnen eigentlich passiert ist.

Diese Interesselosigkeit an einer Sache, die einen andererseits enorm interessiert (denken Sie nur mal, wie viel Anstrengung und Geld manche Menschen investieren, um endlich wieder ihren Führerschein zu erhalten), kommt vermutlich daher, dass man sich über die amtlich geforderte MPU zwar fürchterlich ärgert, sie aber nicht recht ernst nimmt oder – schlimmer noch – denkt, man könne deren Verlauf und Ausgang sowieso nicht beeinflussen.

Im Bewusstsein vieler Leute ist eine MPU eine kostspielige, Zeit raubende Schikane, das Ergebnis ein Lotteriespiel. Dass in dem anschließenden Gutachten tatsächlich eine Entscheidung gefällt wird, dringt manchem erst dann ins Bewusstsein, wenn es erst mal zu spät ist. Dass diese Entscheidung zudem nicht nach dem Zufallsprinzip zustande kommt, sondern von einem selbst abhängt, machen sich manche nie klar.

Aus der Tatsache, dass Sie diesen Ratgeber erworben haben, kann man schließen, dass Sie nicht »bewusstlos« zur MPU gehen wollen. Sie wissen, dass Sie etwas für einen positiven Ausgang tun können. Deshalb haben Sie sich entschlossen, sich auf diese Untersuchung gründlich vorzubereiten. Über eines sollten Sie sich dabei allerdings im Klaren sein: Eine schlechte oder fehlende Vorbereitung auf die MPU kann bei Ihnen zu einem negativen Gutachten führen, obwohl möglicherweise die Voraussetzungen für ein positives Gutachten oder eine Kurszuweisung durchaus gegeben wären. Sie fallen durch, weil Sie sich – aus Angst, aus Unwissenheit oder schlecht beraten – schlecht »verkaufen«. Andererseits ist jede noch so gute Vorbereitung auf die MPU keine Garantie für den Erfolg. Sie kann Ihnen vor allem dann nicht helfen, wenn Sie in Ihrer Einstellung zum Alkohol und im derzeitigen Trinkverhalten die Voraussetzungen für ein positives Gutachten (über die noch zu reden sein wird) nicht mal in Ansätzen erfüllen. Also:

- Schlechte Vorbereitung kann Ihnen vieles verderben.
- Gute Vorbereitung allein wird Sie kaum retten, wenn sich sonst bei Ihnen nichts verändert hat.

1 Wer und was alles zu einer MPU gehört

Bei einer medizinisch-psychologischen Untersuchung haben Sie es mit verschiedenen Ansprechpartnern zu tun. Zunächst mit dem Verwaltungspersonal der Begutachtungsstelle, das Ihnen die Fragebögen aushändigt, Sie bei den Leistungstests betreut und Sie durch die ganze Untersuchung leitet. Bereits bei Ihrem (natürlich pünktlichen!) Erscheinen in der Begutachtungsstelle werden Sie merken, dass sich diese Damen (denn nur selten findet sich darunter ein Mann) sehr um Sie bemühen. Das können und sollten Sie nutzen. Wenn Sie also während Ihres Termins Fragen zum Untersuchungsablauf haben, Hilfe benötigen oder eine Beschwerde loswerden wollen, sind Sie dort an der richtigen Stelle. Zunächst aber wird es in erster Linie um die Begrüßung und eine kurze Einführung in den Ablauf des Untersuchungstermins gehen – und um die Kontrolle Ihrer Identität, damit Sie nicht etwa Ihren Bruder zur MPU schicken. Denken Sie also daran, gültige Ausweispapiere mitzubringen, nicht etwa abgelaufene oder Ihre Dauerkarte für das Schwimmbad.

Daneben und vor allem haben Sie es natürlich mit zwei Gutachtern zu tun: einem Arzt und einem Psychologen. Dabei ist der Psychologe für Sie wichtiger. Nur in relativ wenigen Fällen fällt dem Arzt die tragende Rolle zu; mehr dazu später.

Abgesehen von diesen zwei Untersuchungsteilen kommen noch Fragebögen und psychologische Leistungstests auf Sie zu. Die MPU besteht aus vier einzelnen Teilen (mit in der Reihenfolge wachsender Bedeutung für den Erfolg):

- mehrere Fragebögen
- psychologische Leistungstests
- medizinische Untersuchung
- psychologisches Untersuchungsgespräch

Das Problem des Dolmetschers

Ein besonderes Problem ergibt sich für Sie, wenn Sie aus einem anderen Land nach Deutschland gekommen sind und Ihnen die deutsche Sprache noch nicht ganz selbstverständlich von der Zunge geht. Im Verlauf einer MPU wird relativ viel gesprochen, nicht nur mit dem Psychologen, sondern auch mit dem Arzt. Sie müssen darüber hinaus einige Fragebögen ausfüllen, die nicht immer im allereinfachsten Deutsch verfasst sind.

Wenn Sie also Schwierigkeiten mit der deutschen Sprache haben, sollten Sie überlegen, ob Sie nicht mit einem Dolmetscher Ihrer Muttersprache zur MPU gehen. Ein Dolmetscher ist natürlich nicht nötig, wenn Sie lediglich deutsch mit Akzent sprechen oder Ihnen das eine oder andere Wort nicht geläufig ist. Sind Ihre Sprachschwierigkeiten jedoch erheblich, kann es Ihnen passieren, dass man Sie bei der Untersuchungsstelle mit der Begründung wieder heimschickt, eine sachgerechte Verständigung sei nicht möglich gewesen.

- Es muss in jedem Fall ein *professioneller Dolmetscher* sein! Familienangehörige oder gute Bekannte werden nicht akzeptiert.
- Sie können sich den Dolmetscher nicht selbst aussuchen. Wenn Sie einen Dolmetscher zur Untersuchung wünschen,

wenden Sie sich rechtzeitig an Ihre Begutachtungsstelle und informieren Sie sie darüber. Ein zugelassener Dolmetscher wird dann für Sie durch die Untersuchungsstelle zu Ihrem Termin eingeladen.

2 Die Tücken der Fragebögen

Die Fragebögen dienen den Gutachtern in erster Linie dazu, von Ihnen einen kleinen Eindruck zu bekommen, noch bevor Sie zur Tür hereinkommen. Sie wollen abklopfen, welche Fragen sie Ihnen am sinnvollsten stellen sollen, welche Fragen unnötig sind. In den Fragebögen wird das gefragt, was man genauso gut auch im Gespräch erfahren könnte.

Dass man dennoch das beschriebene Papier vorschaltet, hat vor allem arbeitsökonomische Gründe: Man spart Zeit und muss keine Mühe auf ein im Einzelfall vielleicht sinnloses Frage-und-Antwort-Spiel verwenden. Manchmal allerdings dienen die Fragebögen auch dem Zweck, Widersprüche aufzudecken, Widersprüche zwischen Ihren schriftlichen Antworten und den mündlichen Angaben im Gespräch. Lügengeschichten sind – das weiß man aus jahrtausendelanger Erfahrung mit Verhören – oft in sich nicht stimmig, erfundene Details werden bei der Wiederholung Stunden später gern ein bisschen anders geschildert als beim ersten Mal. Ein guter Schwindler braucht immer ein gutes Gedächtnis.

Was die einzelnen Gutachter aus Ihren Antworten in den Fragebögen machen, ist ganz unterschiedlich. Es gibt Psychologen (und Ärzte), die kümmern sich weniger um dieses Papier, werfen eher einen flüchtigen Blick darauf. Andere notieren sich vor dem Gespräch interessante oder unklar gebliebene Formulierungen aus Ihren Antworten, um dann im Gespräch gezielt darauf eingehen zu können.

Wieder andere Gutachter hingegen verhalten sich ein wenig wie Detektive. Sie nehmen sehr aufmerksam zur Kenntnis, was im Fragebogen steht, stellen Ihnen im Gespräch noch mal die gleichen Fragen und halten Ihnen dann im Gutachten vor, wo überall Ihre Antworten im Fragebogen sich von den Antworten im Gespräch unterschieden. Damit laufen Sie Gefahr, nach dem Motto eingeschätzt zu werden: Der Kandidat macht wi-

> *Sie sollten sich gut überlegen, was Sie in einem Fragebogen angeben. Schreiben Sie die Wahrheit. Wenn Sie sich dazu nicht durchringen können, dann müsste Ihre persönliche Variante der Wirklichkeit schon sehr gut einstudiert sein. Überlegen Sie, ob das wirklich nötig ist.*

dersprüchliche Angaben, also sagt er entweder bewusst nicht die Wahrheit, oder auf sein Erinnerungsvermögen ist kein Verlass.

So einfach liegen die Dinge zwar nicht, auch jeder erfahrene Psychologe weiß das. Dennoch kann es Ihnen passieren, dass man Ihnen solche Widersprüche vorhält, ohne dass Sie im Gespräch ausreichend Gelegenheit gehabt hätten, dazu Stellung zu nehmen. Bereiten Sie sich möglichst auch auf diesen – allerdings eher unwahrscheinlichen – Fall vor.

Es gibt im Übrigen einige Unterschiede in der Gestaltung der Fragebögen. Die verschiedenen Anbieter haben jeweils eigene Fragebögen, bei einigen sind auch regionale Differenzen festzustellen. Im Prinzip ist es aber immer das Gleiche.

Deshalb können Sie auch die vermeintlich guten Tipps von Ihren Bekannten oder Verwandten aus anderen Bundesländern oder Städten in den Wind schlagen, wenn die Ihnen erzählen wollen, bei welcher Untersuchungsstelle man am besten durchkommt. Bereiten Sie sich allgemein und gut auf die Prüfung vor: Das hilft Ihnen in diesem Fall, ähnlich wie beim Erwerb des Führerscheins, immer noch am meisten und bringt Sie letzten Endes weiter.

Die medizinischen Fragebögen

In den medizinischen Fragebögen will man wissen,

- welche ernsthafteren Erkrankungen Sie im Lauf Ihres Lebens durchgemacht haben,
- ob bei Ihnen irgendwelche Behinderungen vorliegen (von Geburt an oder durch Krankheit oder Unfall erst im Lauf des Lebens erworben),
- ob Sie zurzeit in ärztlicher Behandlung sind,
- welche Medikamente Sie zurzeit nehmen (oder bis vor kurzem noch genommen haben),
- ob Sie bei Ihrer beruflichen Tätigkeit oder beim Hobby ständig oder öfter irgendwelchen leberbelastenden Giftstoffen ausgesetzt sind,
- ob Sie wegen einer Alkohol-, Drogen- oder Medikamentenabhängigkeit schon einmal in Behandlung waren, vielleicht sogar eine Entzugstherapie gemacht haben.

Eine sorgfältige und wahrheitsgetreue Bearbeitung dieser Fragebögen ist für Sie sehr wichtig. Ansonsten kann es Ihnen passieren, dass krankheitsbedingte Beeinträchtigungen fälschlicherweise und zu Ihrem Nachteil als Folge fortgesetzten Alkoholmissbrauchs angesehen werden.

Die psychologischen Fragebögen

Die psychologischen Fragebögen sind keine »Psychotests«, sondern eigentlich nur biografische Fragebögen. Hier interessiert man sich für Ihren persönlichen und beruflichen Hintergrund: den erlernten Beruf, den ausgeübten Beruf, vielleicht auch noch den Familienstand. Fragen, die man Ihnen auf jeden Fall stellen wird, sind die nach den aktenkundigen Verstößen:

- Wie oft haben Sie bereits den Führerschein verloren bzw. wurde schon ein Fahrverbot wegen Trunkenheit im Verkehr gegen Sie verhängt?
- Wann war das jeweils?
- Wie viel Promille wurden damals gemessen?
- Wie viel haben Sie davor getrunken?
- Wie weit war dabei Ihr Heimweg? Wie lange wollten Sie bis zu Ihrem Ziel fahren?
- Wie weit sind Sie tatsächlich gekommen, bevor Sie von der Polizei aufgehalten wurden oder bevor der Unfall passierte?
- Wie war Ihr Zustand (in Bezug auf Alkohol) bei Fahrtantritt?
- Wie waren die sonstigen wesentlichen Tatumstände?

Das Ausfüllen der Fragebögen

Prinzipiell ist Ihnen bei den Fragebögen (wie überhaupt bei der ganzen Untersuchung) zu größtmöglicher Ehrlichkeit und Offenheit zu raten. Von der moralischen Pflicht zur Wahrheit mal ganz abgesehen: Eine – nennen wir es nicht Lüge – Täuschung ist erfahrungsgemäß sehr schwer durchzuhalten. Eine erfundene Geschichte muss hundertprozentig wasserdicht sein. Das heißt, sie muss zum einen in die aktenkundigen Tatsachen hineinpassen und zum anderen in sich absolut stimmig sein. Machen wir uns nichts vor: Das ist die hohe Schule des Lügens. Wer es nicht wirklich kann, sollte auf jeden Fall die Finger davon lassen. Denn wenn der Gutachter im Lauf der Untersuchung herausbekommt, dass Sie etwas verschwiegen oder falsche Angaben gemacht haben, wird sich das leicht in dicke Minuspunkte für Sie verwandeln.

»Prinzipiell ehrlich sein« heißt »meistens, aber nicht immer«
Behinderungen
Bei angeborenen Behinderungen wird es kaum Schwierigkeiten geben. Diese Behinderungen hatten Sie schon, als sie den Führerschein machten, man ist damals vermutlich darauf eingegangen, gegebenenfalls wurden Beschränkungen in Ihren Führerschein eingetragen. Später erworbene Behinderungen – vor allem dann, wenn sie äußerlich nicht sichtbar sind – können allerdings bei der Wiedererteilung der Fahrerlaubnis Schwierigkeiten bereiten. Kein Amt wusste bisher davon, jetzt durch die MPU, wegen einer ganz anderen Sache, wird die Behinderung aktenkundig – und bleibt dann in den Akten.

Überlegen Sie sich also vorher, wie groß Ihre Offenheit hier sein soll. Ratschläge sind an dieser Stelle schwer zu geben, die Probleme sind sehr individuell. Vielleicht ein Hinweis: Stellen Sie sich vor, Sie wären Beamter bei der Verwaltungsbehörde. Würden Sie bei jemandem mit Ihrer Behinderung Bedenken haben, ob er sicher ein Kraftfahrzeug führen kann?

Allerdings gilt auch: Seien Sie nicht unvorsichtig. Manche Behinderungen sind im Straßenverkehr gefährlich. Wer an ihnen leidet, kann nun mal nicht Auto fahren, oder er kann es sicher und gut nur dann, wenn sein Fahrzeug entsprechend umgebaut wurde. Den Nachstellungen der Verwaltungsbehörde zu entschlüpfen mag gelegentlich ein netter Sport sein, der Weisheit letzter Schluss ist es nicht. Denken Sie auch an Ihre eigene Sicherheit – von der Gefahr für die Allgemeinheit ganz abgesehen.

Gesundheitliche Probleme

Beim Thema »Medikamente« und »derzeitige ärztliche Behandlung« ist Ehrlichkeit absolut angezeigt. Wir kommen später noch ausführlich darauf zurück, hier nur so viel: Eine entscheidende Rolle bei der medizinischen Untersuchung können die sogenannten Leberwerte spielen, medizinische Messwerte, die mehr oder weniger empfindlich auf Alkoholmissbrauch reagieren, aus deren Erhöhung man (mit Einschränkungen) auf aktuellen Alkoholmissbrauch schließen kann. Diese Leberwerte können jedoch auch aus ganz anderen Gründen erhöht sein – wegen chronischer Medikamenteneinnahme etwa oder auch bei bestimmten Krankheiten. In diesem Bereich zu schummeln, also eine Medikamenteneinnahme zu verschweigen, der Schuss kann nach hinten losgehen.

Wenn Sie einen Beruf (oder ein Hobby) haben, in dem Sie viel mit giftigen Stoffen in Berührung kommen (zum Beispiel Lackierer), dann sollten Sie das in den Fragebögen vermerken, auf jeden Fall bei der ärztlichen Untersuchung erwähnen. Erhöhte Leberwerte können so eine harmlose Erklärung finden.

Psychologische Fragen

Was die psychologischen Fragebögen betrifft, so gibt es wenig taktische Varianten. Dass Sie beim persönlichen und beruflichen Hintergrund die Wahrheit sagen sollen, versteht sich von selbst. Bei den Fragen nach Ihren Delikten haben Sie ebenfalls wenig Spielraum, Sie müssen auf jeden Fall damit rechnen, dass der Gutachter sehr gut vorinformiert ist. Jede falsche oder unvollständige Angabe, die als solche erkannt wird, wirft eher ein schlechtes Licht auf Sie, als dass sie Ihnen Vorteile bringen könnte.

Die Alkoholtherapie

Ein ganz heikler Punkt ist die Frage, ob Sie eine Alkoholentzugstherapie – nach der Sie in jedem Fall im Fragebogen gefragt werden – von sich aus angeben sollen. Vieles spricht dafür, denn Sie kassieren damit bei der MPU einen ganz besonderen Pluspunkt. Man könnte fast sagen: Einen besseren Klienten als einen »Trockenen« nach Therapie gibt es für einen MPU-Gutachter gar nicht, das ist der klassische Kandidat für ein positives Gutachten, um den Führerschein wiederzuerlangen.

Aber die Richtlinien für die MPU-Gutachter legen fest, dass jemand nach Beendigung seiner Entwöhnungstherapie in der freien Sozialgemeinschaft, also ohne die schützende Atmosphäre der Fachklinik, ein ganzes Jahr trocken geblieben sein muss, ehe man ihm den Führerschein wiedergeben kann. Diese Einjahresfrist ist zwar kein absolutes, unverrückbares Muss, der Gutachter kann davon abweichen. Allerdings muss er dann ausführlich und gut begründen, warum er in dem speziellen Fall eine Ausnahme macht.

Für den Betroffenen ist das natürlich hart. Theoretisch ist diese Einjahresfrist wohl begründet: Die allermeisten, die nach einer Entwöhnungstherapie wieder rückfällig werden, werden dies im ersten Jahr nach Beendigung der Therapie. Das erste

Jahr ist die kritische Zeit; wer diese Phase übersteht, hat bereits eine ziemlich gute Prognose.

Dennoch gilt generell: Alkoholismus ist unheilbar. Ein Alkoholiker bleibt sein Leben lang Alkoholiker, bleibt immer gefährdet. Nur wer sich dieser lebenslangen Gefährdung voll bewusst ist, hat eine gute Chance, dem Rückfall zu entgehen, also ein *trockener* Alkoholiker zu bleiben.

In der MPU führt die relativ strikt geforderte Einjahresfrist zu einer unguten Situation. Ein Trinker, der sein problematisches Trinkverhalten noch kaum erkannt hat, der bloß wegen der MPU eine Trinkpause eingelegt hat und in der Untersuchung Abstinenz behauptet, hat eine Chance, ein positives Gutachten zu bekommen. Ein Trinker hingegen, der sich seines problematischen Trinkverhaltens bewusst geworden ist, der die energischste Maßnahme dagegen ergriffen hat und zur Alkoholtherapie gegangen ist, wird für diesen Mut dahingehend bestraft, dass er auf jeden Fall eine lange Zeit auf seinen neuen Führerschein warten muss.

Ein genereller Ratschlag ist hier nicht möglich. Eindeutig ist die Situation auf jeden Fall dann für Sie, wenn die Verwaltungsbehörde bereits von Ihrer Alkoholtherapie weiß. In so einem Fall müssen Sie damit rechnen, dass diese Tatsache auch in den Akten steht, die der Begutachtungsstelle übersandt werden. Der Gutachter weiß es dann ohnehin, jedes Verschweigen fällt auf Sie zurück. Wenn die Alkoholtherapie bislang amtlich nicht bekannt ist, liegt die – schwere – Entscheidung bei Ihnen. Der sicherste Weg ist natürlich der Weg der Wahrheit, der für Sie jedoch heißt: warten bis zum Ablauf der Frist. Zum Verschweigen ist Ihnen eigentlich nur dann zu raten, wenn Sie bezüglich der inneren Verarbeitung Ihrer Alkoholproblematik so weit fortgeschritten sind, dass Sie, auch ohne Erwähnung der Therapie, auf den Gutachter einen ausreichend problembewussten Eindruck machen können.

3 Die psychologischen Leistungstests

Normalerweise wird jede Fahreignungsbegutachtung von psychologischen Leistungstests begleitet, die in den Begutachtungsstellen mit Testcomputern durchgeführt werden. Computer sind sicherlich nicht jedermanns Sache, aber keine Angst: Sie erhalten eine grundsätzliche Einweisung in die Bedienung des Geräts und in den Ablauf der Tests, der Computer selbst erklärt Ihnen dann die Aufgaben und schleust Sie durch das Programm. Verstehen Sie etwas nicht oder haben Sie während des Tests unerwartet Schwierigkeiten, so scheuen Sie sich nicht, die Testassistenz zu fragen. Auch wenn Sie also am Computer unerfahren oder unsicher sind, sollen Sie nicht benachteiligt werden. Welche Art von Test(s) Sie vorgesetzt bekommen, ist kaum vorherzusehen. Auch hier sind die Bräuche innerhalb der einzelnen Untersuchungsstellen noch relativ unterschiedlich.

Eingesetzt werden – weil aussagekräftig für die im Verkehr nötigen Eigenschaften – in erster Linie Reaktions- und Konzentrationstests. Bei den Reaktionstests müssen Sie beispielsweise beim Aufleuchten verschiedenfarbiger Lämpchen auf entsprechend farbige Knöpfe drücken; bei den Konzentrationstests sind sehr einfache Aufgaben zu lösen, von denen aber in einer gewissen Zeit möglichst viele und möglichst fehlerfrei.

Wenn man Sie nicht ohnehin danach fragt, dann sollten Sie vor den Tests auf eine bei Ihnen bestehende Farbenblindheit, auf Schwerhörigkeit, auf eingeschränkt bewegungsfähige Gliedmaßen oder – wenn Sie Ausländer sind – auf die begrenzte Beherrschung der deutschen Sprache hinweisen.

Wenn Sie Rot und Grün nicht unterscheiden können, werden Sie sich schwertun, auf das rote Lämpchen richtig zu reagieren; wenn Sie schlecht hören, können Sie nicht zeitgerecht auf Töne reagieren, mit einem Stützverband am Bein lassen sich Pedale unter Umständen schlecht bedienen. Und Fragen können Sie natürlich nur dann richtig (und schnell!) beantworten, wenn Sie nicht schon einen Großteil der Zeit brauchen, um die Tücken der deutschen Grammatik zu durchschauen.

Zusammenfassend gilt also: Machen Sie auf Schwierigkeiten, die Sie bei der Testbearbeitung haben könnten, unbedingt aufmerksam, und starten Sie erst, wenn Sie wirklich alles verstanden haben.

Die Testanforderungen

Die Tests, die Ihnen bei einer MPU vorgesetzt werden können, sind schwierig. Das heißt, Sie werden zwar bei den ersten Aufgaben eines solchen Tests ziemlich mühelos folgen können, bekommen dann jedoch Schwierigkeiten, im Tritt zu bleiben.

Lassen Sie sich durch die Schwierigkeit dieser Tests nicht ins Bockshorn jagen. Diese Schwierigkeit hat System, solche Tests müssen in manchen Teilbereichen so schwierig sein, damit man – in einem anderen Untersuchungszusammenhang – nicht nur die schlechten von den mittelmäßigen Testkandidaten, sondern auch noch die guten von den sehr guten unterscheiden kann.

Es kommt hinzu, dass für die Zwecke der Fahreignungsbegutachtung die Anforderungen an Sie relativ niedrig sind: Es reichen sogar unterdurchschnittliche Testergebnisse aus, solange sie nicht einen sehr niedrigen Minimalwert unterschreiten. Dieser Minimalwert ist mit dem sogenannten Prozentrang 16 definiert. Das heißt, dass (nur) 16 Prozent der Bevölkerung unter diesem Wert bleiben. Sollten Sie allerdings eine Fahrerlaubnis der Klassen C oder D führen wollen, so müssen Sie einen Prozentrang von 33 überschreiten, denn logischerweise gelten für diese schweren Fahrzeuge höhere Anforderungen an die Leistungsfähigkeit.

Im Übrigen ist es sehr selten, dass ein Fahreignungsgutachten allein aufgrund unzureichender Testergebnisse negativ wird. Meistens ist es so, dass man bei einem Klienten, der medizinisch und psychologisch die Anforderungen erfüllt, selbst Testergebnisse unter Prozentrang 16 noch mit zusätzlichen Tests auszugleichen versucht.

Wir wollen uns aber auch um den für Sie schlimmsten Fall nicht herumdrücken, den Fall nämlich, dass Ihre Testergebnisse auch bei großzügigster Auslegung nicht mehr im vertretbaren Bereich liegen. Sollte also Ihr Gutachten wegen der Tests (und tatsächlich *nur* wegen der Tests) negativ werden, dann haben Sie eine zusätzliche Chance mit einem Fahrtest, der jetzt »Fahrverhaltensbeobachtung« heißt.

Das ist mehr als nur eine Änderung des Namens. Früher machte den Fahrtest ein Fahrprüfer, der auch die Führerscheinprüfungen abnahm. Heute wird die Fahrverhaltensbeobachtung von einem Verkehrspsychologen durchgeführt.

Eine Fahrverhaltensbeobachtung ähnelt einer praktischen Führerscheinprüfung, allerdings mit weicheren Kriterien: Fehler, mit denen Sie in der Prüfung durchfallen würden, bedeuten hier noch nicht unbedingt das Aus. Vielmehr geht es darum, einen Gesamteindruck Ihrer Leistungsfähigkeit im Verkehr (Sicherheit der Fahrzeugbedienung, Orientierung und Überblick, Regeleinhaltung) zu bekommen. Dennoch sind Sie vielleicht unsicher, denn schließlich haben Sie schon lange keine

Prüfungsfahrt mehr absolviert: In diesem Fall ist es sicher keine schlechte Idee, zuvor mal eine Fahrstunde zu nehmen, damit Sie wieder ein Gefühl dafür bekommen, wie man unter Prüfungsbedingungen fährt.

Zum vereinbarten Termin der Fahrverhaltensbeobachtung erscheinen Sie dann mit Fahrschulwagen und Fahrlehrer (denn Sie haben ja derzeit keinen gültigen Führerschein) und lassen

---

- *Die Tests im Rahmen der Fahreignungsbegutachtung sind schwierig, die Anforderungen an Sie aber gering.*
- *Und wenn gar nichts mehr geht, bleibt immer noch die Fahrverhaltensbeobachtung.*

---

den psychologischen Gutachter einsteigen. Die Fahrten dauern zwischen 45 und 60 Minuten und führen Sie in verschiedene Verkehrssituationen. Wenn Sie keine gravierenden Fahrfehler machen, können Sie mit dieser Fahrt Ihr schlechtes Testergebnis ausbügeln.

4 Die medizinische Untersuchung

Wenn Sie sich regelmäßig von Ihrem Hausarzt auf Herz und Nieren untersuchen lassen, wird Ihnen die medizinische Untersuchung bei der Fahreignungsbegutachtung als sehr oberflächlich vorkommen. »Anlassbezogen« heißt das Stichwort,

---

TIPP: *Wenn Sie mit Ihrer MPU die Neuerteilung einer Fahrerlaubnis der Klassen C1E/CE anstreben, so benötigen Sie dafür eine spezielle ärztliche und augenärztliche Untersuchung. Sie können diese beiden Untersuchungen, die eigentlich nichts mit Ihrer MPU zu tun haben, gleich an Ihrem MPU-Tag »in einem Aufwasch« mit erledigen. Das spart auf alle Fälle Zeit und zusätzliche Arzttermine.*

---

das im Übrigen auch für die psychologische Untersuchung gilt. Es bedeutet, dass man nicht kreuz und quer nach allem Möglichen bei Ihnen sucht und fragt. Es geht immer nur um jene Teilbereiche, die in irgendeinem Zusammenhang mit Ihrer Fahreignung stehen könnten. Auch im medizinischen Teil der Untersuchung wird also nicht systematisch nach allen erdenklichen Krankheiten oder auffälligen Befunden gesucht, sondern gezielt nach jenen gesundheitlichen Mängeln oder Behinderungen, die für die Fahreignung von Bedeutung sind.

Alkoholbedingte Veränderungen des Organsystems
Was den Arzt einer Begutachtungsstelle auf jeden Fall interessiert, sind die gesundheitlichen Auswirkungen, die der Al-

kohol – und das meint immer: der Alkoholmissbrauch – bei Ihnen (eventuell) hinterlassen hat. Er sucht also nach alkoholbedingten Erkrankungen und Veränderungen des Organsystems, vor allem an Leber, Magen und Haut. Ein paar Beispiele:

- Leber: Die Leber ist das zentrale Organ für den Alkoholabbau, wird also auch vom Alkohol am meisten und ehesten geschädigt. Die häufigsten alkoholbedingten Erkrankungen der Leber sind die Fettleber, die Alkoholhepatitis (Leberentzündung) und die klassische Alkoholikerkrankheit, die Leberzirrhose (Leberschrumpfung).

- Magen: Bei chronischem Alkoholmissbrauch wird der Verdauungsapparat fast immer erheblich in Mitleidenschaft gezogen. Bauchspeicheldrüsen- und Magenschleimhautentzündungen sind dabei typische Erkrankungen.

- Haut: Hier sind die Veränderungen für den Arzt – der in einer Begutachtungsstelle für Fahreignung nur spärliche Diagnosemöglichkeiten hat – besonders leicht festzustellen. Blutgefäße der Haut sind bei Alkoholmissbrauch oft geweitet, im Gesicht findet man die so genannten Teleangiektasien, diese eigentümlich narbige Veränderung der Gesichts- und Halshaut. Die Wundheilung ist häufig stark verlangsamt, gelegentlich bilden sich auch bei an sich nur geringfügigen Verletzungen Geschwüre auf der Haut.

Am wenigsten interessant sind dabei für den medizinischen MPU-Gutachter natürlich jene Hinweise, die *früheren* Alkoholmissbrauch belegen. Früherer Alkoholmissbrauch versteht sich bei einem Hoch-Promille-Fahrer sowieso und ganz von selbst. Wir kommen im nächsten Kapitel noch ausführlich darauf zurück.

Worauf der Arzt bei der MPU vor allem achtet – und das tut er nun wirklich ganz genau –, sind medizinische Anzeichen, die auf *aktuellen* Alkoholmissbrauch schließen lassen.

Damit die verwendeten Begriffe wirklich klar sind: Wenn wir in diesem Ratgeber von Alkoholmissbrauch sprechen, dann ist immer und ausschließlich der Missbrauch im engeren Sinne gemeint, nicht der normale Konsum und nicht das Bisschen-mehr-Trinken. Von einem Bier zum Essen, von einem Schwips dann und wann werden Ihre Leberwerte – wenn Sie ansonsten leidlich gesund sind – kaum erhöht sein. Dazu muss es mehr an Alkoholkonsum sein.

Es gibt organische Veränderungen, die eindeutig oder doch mit hoher Wahrscheinlichkeit auf früheren oder aktuellen Alkoholmissbrauch schließen lassen. Es gibt andererseits Krankheiten oder Medikamente, die die Leber schädigen, ohne dass Alkohol im Spiel ist. Fragen der Gutachter nach diesen Erkrankungen oder Medikamenten sind nicht belangloses Rahmenwerk, sondern Bestandteil der anlassbezogenen Diagnostik. Verschweigen Sie in diesem Punkt nichts.

Die Leberwerte

Von ganz besonderer Bedeutung für den MPU-Arzt sind die sogenannten Leberwerte, weil man damit am zuverlässigsten Informationen über einen möglichen aktuellen Alkoholmissbrauch bekommen kann. Es ist alles relativ; »am zuverlässigsten« heißt nicht »zuverlässig« im Sinne von »hieb- und stichfest« und dies dann auch noch »unter allen denkbaren Bedingungen«.

Die Leberwerte sind mit großer Vorsicht zu betrachten. Sie führen manchmal in die Irre – in die eine oder andere Richtung. Der erfahrene MPU-Gutachter weiß das.

Die Blutanalyse

Halten wir uns nicht lange mit medizinischen und biochemischen Details auf. Der Arzt bei der MPU wird Sie im Rahmen der Untersuchung auf jeden Fall selbst zur Ader lassen.

Anhand der Blutprobe werden einige besonders alkoholempfindliche Leberparameter bestimmt. Das sind die Gamma-Glutamyltranspeptidase (Gamma-GT oder noch kürzer: GGT) und die Transaminasen (SGOT und SGPT oder GOT und GPT). Diese drei Parameter spielen eine wichtige Rolle bei der Entscheidung über die Zukunft Ihres Führerscheins. Das früher noch zusätzlich bestimmte MCV spielt wegen mangelnder Aussagekraft heute keine Rolle mehr.

Die Leberwerte sollten im Idealfall alle innerhalb des medizinischen Normbereichs liegen. Dieser Normbereich ist für Männer und Frauen unterschiedlich (weil der Durchschnittsmann, mit Verlaub, mehr schluckt als die Durchschnittsfrau).

Um die Sache zu komplizieren, sind auch noch eine Reihe unterschiedlicher Messmethoden im Gebrauch, die zu unterschiedlichen Normwerten führen oder die teilweise auch ganz andere Maßeinheiten benutzen. Eigentlich sind seit dem 1. April 2003 alle Labors in Deutschland angewiesen, nach einem Analyse- und Messverfahren vorzugehen, das zu folgenden Normwerten führt:

Normwerte	GGT	GOT	GPT
Männer	bis 60 U/l	10 bis 50 U/l	10 bis 50 U/l
Frauen	bis 39 U/l	10 bis 35 U/l	10 bis 35 U/l

Lassen Sie sich aber nicht mehr als unvermeidlich verwirren. Schauen Sie nicht nur auf den Messwert, sondern immer auch auf die jeweiligen Grenzen für den Normalbereich. Jedes Labor muss angeben, welche Normbereiche aufgrund der verwendeten Methode zur Anwendung kommen. Liegen Ihre Werte innerhalb dieses für »Ihr« Labor normalen Bereichs, ist alles okay.

GGT spricht sich im Übrigen wie Gamma-GT. Was genau sich hinter dieser Gamma-Ge-Te, der Ge-O-Te und der Ge-Pe-Te verbirgt, ist für unsere Zwecke nebensächlich. Wichtig ist, dass diese drei Leberparameter mehr oder weniger alkoholempfindlich sind, also bei chronischem bzw. akutem Alkoholmissbrauch oftmals mehr oder minder deutlich über den Normbereich hinaus ansteigen.

Die Gamma-GT zeigt sich dabei am empfindlichsten, sie schnellt bei erhöhtem Alkoholkonsum rasch nach oben, sinkt bei plötzlicher Abstinenz aber auch schnell wieder in einen unverdächtigen Bereich ab – vorausgesetzt, die Leber ist noch einigermaßen gesund.

GPT und GOT sind etwas träger, sie brauchen einerseits längeren Alkoholmissbrauch, um in den pathologischen Bereich zu klettern, bleiben dann aber auch – trotz konsequenter Abstinenz – relativ lange erhöht.

Leberwerte – mehrfach bestimmt

Sind Ihre Leberwerte erhöht? Man muss es in aller Deutlichkeit sagen: Wenn zum Zeitpunkt der MPU Ihre Leberwerte erhöht sind und es dafür keine unproblematische medizinische Erklärung gibt, ist das ausgesprochen ungünstig. Eine unproblematische medizinische Erklärung für eine Erhöhung der Leberwerte kann zum Beispiel eine früher durchgemachte Gelbsucht sein. Und selbst eine alkoholbedingte Erhöhung kann Sie rausreißen; dann nämlich, wenn eindeutig *früherer* Alkoholmissbrauch für die Erhöhung der Leberwerte verantwortlich ist, wenn Ihnen der Hausarzt bescheinigen kann, dass die Erhöhung der Leberwerte unumkehrbar ist, die Werte also auch durch noch so lange und konsequente Abstinenz nicht mehr in den Normalbereich absinken. In diesem Fall sollten Sie, unabhängig von der MPU, den Zustand Ihrer Leber regelmäßig durch Ihren Hausarzt überprüfen lassen. Selbstverständlich kann Ihnen gerade in einem solchen Fall ein »Abstinenz-Check« helfen, den »schlechten« Leberwerten einen klaren Nachweis Ihrer Alkoholabstinenz entgegenzusetzen (siehe auch Kapitel »Soll ich medizinische Nachweise vor der MPU sammeln?«)

Wenn erhöhte Leberwerte bei der MPU solche Folgen nach sich ziehen, so heißt das natürlich: Sie sollten in jedem Fall *vor* der MPU wissen, wie es um Ihre Leberwerte bestellt ist. Dies wiederum bedeutet, dass Sie die Leberwerte nicht erst in der MPU zum ersten Mal bestimmen lassen, sondern sie bereits in Form einer Messwertreihe/Attests mitbringen sollten.

Inzwischen ist es vorgeschrieben, dass Ihnen der MPU-Arzt in jedem Fall eine Blutprobe abnimmt, auch dann, wenn das mitgebrachte Attest nicht älter als einige Tage ist. Die Kosten für die Blutprobe sind bereits in der Untersuchungsgebühr enthalten.

Warum? Ein Hausarzt ist es nicht gewöhnt, dass ihn seine Patienten betrügen. Wenn aber Ihr Kumpel Franz, der alte Limo-Trinker, unter Ihrem Namen zu einem Arzt geht, ihn um Bestimmung der Blutwerte bittet und die Dienstleistung bar bezahlt, bekommen Sie ein paar Tage später die Messergebnisse – Ihre (haha!) Messergebnisse – zugeschickt. Die medizinisch-psychologische Untersuchungsstelle muss also Ihre Leberwerte unter kontrollierten Bedingungen bestimmen. Das ist übrigens auch ein Argument dafür, warum es sinnvoll ist, auch die Leberwerte vor der MPU schon durch Ärzte der Begutachtungsstelle bestimmen zu lassen. Genauso wie bei den Urintests haben Sie hier die Garantie, dass die Ergebnisse dann in der MPU auch verwertbar sind und anerkannt werden. Jede Begutachtungsstelle kann Sie dazu auch beraten.

»Leberwert-Pflege« vor der MPU

Was machen Sie, wenn Sie in puncto Leberwerten ganz sichergehen, jede Überraschung vermeiden wollen?

Sie lassen Ihre Leberwerte bereits etliche Wochen oder gar Monate vor der MPU bestimmen. Sind die Werte gut, so bleiben sie auch bis zum Termin gut, vorausgesetzt natürlich, Sie behalten einen disziplinierten Umgang mit Alkohol bei. Sind die Werte nicht gut, dann wird es höchste Zeit für Sie, Ihr Verhältnis zum Alkohol zu überdenken. Oder direkt formuliert: Dann trinken Sie zu viel und sollten damit aufhören! In diesem Fall lassen Sie die Leberwerte immer wieder kontrollieren, im Abstand von jeweils einigen Wochen. Sie werden wahrscheinlich merken, wie durch Abstinenz oder mäßigeren Konsum die Werte absinken. In erster Linie natürlich die Gamma-GT, während Sie bei erhöhten Transaminasen (GOT und GPT) vermutlich länger warten müssen. Auf jeden Fall ist es ein günstiger Befund für Sie, wenn Ihre Leberwerte insgesamt rückläufig sind, denn man sieht daran, dass Sie einen früheren hohen Alkoholkonsum mindestens reduziert haben.

Gehen Sie auf keinen Fall zur MPU, solange die Leberwerte noch irgendwie zweifelhaft sind. Sagen Sie lieber – mit einer plausiblen Ausrede – einen Termin ab und lassen sich dafür einen späteren geben.

Sagen Sie den Termin aber nicht zu kurzfristig ab, sonst kann es passieren, dass Ihre bereits bezahlte Untersuchungsgebühr oder zumindest ein Teil davon verfällt. Lesen Sie Ihre

Sie sollten unbedingt vor der MPU wissen, dass Ihre Leberwerte in Ordnung sind. Deshalb lassen Sie die Leberwerte Wochen vor dem MPU-Termin von einem Arzt bestimmen.

Einladung und die Ihnen damit übersandten Geschäftsbedingungen durch; irgendwo im Text findet sich ein entsprechender Hinweis.

Ihre relevanten Leberwerte – Gamma-GT, GOT und GPT – sollten zum Zeitpunkt der Begutachtung alle innerhalb des medizinischen Normbereichs liegen. Ist dies nicht der Fall und haben Sie dafür auch keine nicht alkoholbedingte Erklärung Ihres Arztes, so ist der Erfolg Ihrer MPU sehr in Frage gestellt.

Leberwerte, die für die MPU kritisch sind

Das alles provoziert die Frage: »Wie kann ich als Laie überhaupt erkennen, ob meine Leberwerte zweifelhaft sind?« Denn so einfach ist es natürlich nicht, dass man sagen könnte: Gamma-GT unter 66 heißt »alles okay«, Gamma-GT ab 67 heißt »durchgefallen, nichts geht mehr«. Im Zweifelsfall ist es für den Gutachter wichtig, in welchem Maß die Leberwerte erhöht sind, wie sich die einzelnen Parameter zueinander verhalten. Daraus lässt sich einiges ablesen. Also: Fragen Sie einen

Arzt, wie Ihre Leberwerte einzuschätzen sind. Aber fragen Sie ihn nicht, ob er meint, Ihre Leber wäre gesund.

Wer die falschen Fragen stellt, bekommt selten richtige Antworten. Leicht über dem Normbereich liegende Leberwerte sind für einen behandelnden Arzt normalerweise kein Grund, die Stirn in Falten zu legen. Er würde Ihnen in so einem Fall vielleicht auf die Schulter klopfen und meinen, Sie sollten mit dem Bier/Wein/Schnaps ein bisschen kürzer treten. An ärztliche Behandlung wird er bei dieser Höhe der Werte meist noch nicht denken. Die medizinisch richtige Antwort Ihres Arztes, dass Ihre Leberwerte für sich genommen nicht sonderlich bedenklich seien, ist allerdings für Ihren Zweck, nämlich die MPU-Vorbereitung, ganz schlicht falsch.

Die beiden MPU-Gutachter sehen die Leberwerte aus einem anderen Blickwinkel als ein behandelnder Arzt. Sie wollen mit Hilfe der Messwerte Rückschlüsse ziehen auf Ihren derzeitigen Alkoholkonsum. Ihre Beurteilungskriterien sind viel pingeliger als die Ihres Hausarztes.

Wenn Sie die richtigen, also schonungslos ehrliche Antworten wollen, dann ziehen Sie Ihren Arzt also entweder ins Vertrauen und erklären ihm ohne Wenn und Aber, wofür Sie die Leberwerte brauchen (er wird es sich ohnehin schon gedacht haben). Fragen Sie rückhaltlos, ob er, der Fachmann, aufgrund dieser Werte vermuten würde, dass Sie verstärkt Alkohol trinken. Wenn Ihr Arzt dann zu einer »Na-ja«-Antwort ansetzt, wissen Sie, dass etwas nicht stimmt. Oder Sie lassen sich gleich, wie schon erwähnt, bei den Ärzten Ihrer späteren Begutachtungsstelle beraten und die Lebwerwerte dort bestimmen. Dort bekommen Sie auf jeden Fall sehr klare Auskünfte, was Sie bezüglich Ihrer Leberwerte für die MPU beachten und tun sollten.

Die normalen Leberwerte

Wenn also die Leberwerte für die MPU-Gutachter so wichtig sind, müsste der Umkehrschluss nahe liegen: Sind meine Leberwerte im Normbereich, dann ist alles für mich gelaufen, dann ist das positive Gutachten nur noch eine Formsache.

Eine ebenso naheliegende wie falsche Überlegung. Dass sie falsch ist, gibt vielen Psychologen Arbeit und Brot: Könnte man nämlich das Verhältnis eines Menschen zum Alkohol eindeutig an den Leberwerten festmachen, dann bräuchte man

---

Erhöhte Leberwerte sind mit hoher Wahrscheinlichkeit ein Hinweis auf Alkoholmissbrauch. Normale Leberwerte hingegen schließen aktuellen Alkoholmissbrauch keineswegs aus. Aussagekräftiger als einmal bestimmte Werte sind Messreihen mit fallender Tendenz. Wenn Sie abstinent leben, ist ein »Abstinenz-Check« zum Nachweis geeignet.

---

keine MPU, eine MU (medizinische Untersuchung) wäre unter dieser Voraussetzung vollauf ausreichend. Durch lange Erfahrung weiß man, dass erhöhte Leberwerte – genauer: bestimmte Verhältnisse der Leberwerte zueinander – mit hoher Wahrscheinlichkeit auf Alkoholmissbrauch hindeuten.

Andererseits gibt es einen beträchtlichen Prozentsatz von Trinkern, sogar Alkoholikern, die trotz enormen Alkoholkonsums über einen langen Zeitraum hinweg normale und unauffällige Leberwerte haben. Sosehr erhöhte Werte Sie belasten, so wenig werden Sie durch normale Leberwerte entlastet. Normale Leberwerte schließen derzeitigen Alkoholmissbrauch nicht aus.

Haben Sie früher schon mal Leberwerte bestimmen lassen, als Sie noch mehr getrunken haben, und sind die Werte damals erhöht gewesen? Wenn es so ist, dann haben Sie einen weiteren wichtigen Pluspunkt gesammelt. Sie können dann zur MPU neben den neuen, guten Werten Ihre alten, schlechten Werte mitbringen. Für den Arzt und den Psychologen ist eine solche Kombination von Messwerten in zeitlicher Abfolge durchaus aussagekräftig. Ihre Geschichte von der seit vielen, vielen Monaten durchgehaltenen Abstinenz oder Mäßigung würde dadurch vorteilhaft bekräftigt. Optimal ist es, wenn Sie eine ganze Messwertreihe mit Einzelmessungen im Abstand von etwa zwei Monaten mitbringen, aus der hervorgeht, wie Ihre Leberwerte im Lauf der Zeit immer weiter gefallen sind.

Von einigen Ärzten und Beratern wird der CDT-Wert gerne – und fälschlicherweise – als Beweismittel für Abstinenz genannt. Hierzu ist zu sagen, dass auch der CDT-Wert kein schlüssiger Beweis für eine tatsächliche Abstinenz ist. Einzig und allein der »Abstinenz-Check« mittels EtG (siehe Seite 87) bietet diese Möglichkeit.

Machen Sie sich jedoch klar: Selbst wenn Ihre medizinischen Befunde nahelegen, dass Sie jetzt abstinent oder zumindest sehr mäßig leben, und das seit geraumer Zeit, reicht das allein nicht aus. Aber davon handelt das nächste Kapitel.

5 Die Bedeutung der psychologischen Untersuchung

Erhöhte Leberwerte sind in der MPU-Praxis relativ selten. Nur der bei weitem kleinere Teil aller negativen Gutachten kann sich (unter anderem) darauf stützen. Das liegt natürlich daran, dass die meisten Klienten auch ohne diesen Ratgeber so ungefähr wissen, dass normale Leberwerte bei einer MPU von

---

Solange der medizinische Befund eines Führerscheinbewerbers – durch kein ärztliches Attest widerlegt – auffällig ist, also auf aktuellen Alkoholmissbrauch hindeutet, ist es wenig ratsam für ihn, überhaupt bei der Begutachtungsstelle zu erscheinen. Die Erfolgsaussichten sind zu gering, um darauf mehrere Hundert Euro zu setzen. Das Gleiche gilt, wenn der Führerscheinbewerber so alkoholgeschädigt ist, dass er weder die psychologischen Leistungstests noch den praktischen Fahrtest bestehen kann. Wer also in den Teilbereichen Test oder Medizin durchfällt, der ist im Ganzen durchgefallen.

Bedeutung sind, und sich deshalb erst dann zur MPU anmelden, wenn medizinisch bei ihnen alles in Ordnung ist. Schlechte Testergebnisse sind noch viel seltener der alleinige Grund für ein negatives MPU-Gutachten.

Dass aber die wenigsten Klienten in diesen beiden Teilbereichen auffallen, zeigt andererseits, dass Leistungstests und Medizin relativ grobe Raster sind. Daraus können wir den Schluss ziehen: Gute Tests und unauffälliger Gesundheitszustand besagen für sich genommen eigentlich fast nichts. Wichtig ist immer die Gesamtbewertung der Ergebnisse.

Der Begriff »Gesamtbewertung« legt folgende Überlegung nahe: Drei Teile hat die MPU, zwei davon habe ich bestanden, es steht also auch im ungünstigsten Fall immer noch 2:1

> *Bei der medizinisch-psychologischen Untersuchung ist die Psychologie zwar nicht alles, aber ohne die Psychologie ist alles nichts. Auf die Vorbereitung des Gesprächs mit dem Psychologen sollten Sie mindestens so viel Sorgfalt und Mühe verwenden wie auf die Pflege Ihrer Leberwerte.*

für mich. Da ein solcher Schluss sehr nahe liegt, wird er oft gezogen, selbst viele Rechtsanwälte bringen diese Argumentation immer wieder ins Spiel – und werden immer wieder enttäuscht.

Die 2:1-Kalkulation ist, man kann es nicht oft und deutlich genug sagen, nichts weiter als eine Milchmädchenrechnung. Tests, medizinische Untersuchung und psychologisches Gespräch sind alles andere als gleichberechtigte Bestandteile der Fahreignungsbegutachtung. Vielmehr bildet die psychologische Untersuchung ganz eindeutig den Schwerpunkt. Hier vor allem müssen Sie überzeugen. Ist der Psychologe der Meinung, man könne die Eignungszweifel der Verwaltungsbehörde nicht ausräumen, dann nützen Ihnen die guten Ergebnisse der anderen MPU-Teile gar nichts.

Verteidigungsstrategien bei der Untersuchung

Das Urteil des Psychologen ist also für Sie von überragender Bedeutung, bei ihm müssen Sie die entscheidenden Punkte sammeln. Leichter gesagt als getan, wenn Sie sich vor Augen führen, wie viele Ihrer Bekannten, die alle anständige Kerle sind, schon bei einer MPU durchgefallen sind. Was also tun?

Machen wir ein kleines Gedankenexperiment: Stellen Sie sich vor, Sie würden Ihr Problem mit der bevorstehenden MPU einem in dieser Hinsicht völlig unbefangenen, naiven Bekannten ausführlich darlegen und ihn anschließend bitten, er möchte sich doch einige gute Verteidigungsstrategien für Sie einfallen lassen. Welche Ratschläge würde er Ihnen geben?

Wir wissen natürlich nicht, was speziell Ihr Bekannter antworten würde (oder tatsächlich geantwortet hat). Nach unseren Erfahrungen – und nach den Hinweisen vieler Gutachterkollegen – laufen die Antworten auf solche Fragen in aller Regel auf die vor Gericht und Polizei bewährte Grundweisheit hinaus:

- Sei sparsam mit Informationen.
- Leugne, so gut du kannst.
- Gib nur das zu, was sie dir nachweisen können.

Aus dieser allgemeinen Grundregel lassen sich, auf die spezielle Situation einer MPU bezogen, einige sehr naheliegende Verteidigungsstrategien ableiten:

- Ich bin normalerweise ein sehr mäßiger Alkoholtrinker.
- Die Trinkmenge vor meiner Trunkenheitsfahrt war eine absolute Ausnahme, ein Ausrutscher, der mir sehr, sehr leidtut, den ich selbst nicht verstehen kann.

Oder auch:
- Früher habe ich, wie gesagt, nicht viel getrunken, die Trunkenheitsfahrt war ein bedauerlicher, unerklärlicher Ausrutscher, jetzt trinke ich genauso wenig wie vorher. Da alles nur ein Ausrutscher war, war eine grundlegende Verhaltensänderung hinsichtlich Alkohol bei mir nicht nötig.

... mit der beliebten Variante:
- Auch unmittelbar vor meiner Trunkenheitsfahrt habe ich nicht sonderlich viel getrunken. Die hohen BAK-Werte kann ich mir nicht erklären.

... möglicherweise ergänzt durch:
- Man muss mir Schnaps ins Bier geschüttet haben.

Oder:
- Früher habe ich schon recht wenig getrunken, seit dem Führerscheinentzug trinke ich aber gar nichts mehr. Mir reicht's. Kein Tropfen Alkohol kommt mir mehr über meine Lippen.

Manche gehen die Sache auch etwas differenzierter an:
- Früher, da haben Sie Recht, früher habe ich ziemlich viel getrunken. Zumindest gelegentlich, wenn die Feste lang wurden. Seit mir das mit dem Führerscheinentzug passiert ist, trinke ich jedoch nur noch ganz wenig, eigentlich überhaupt nichts mehr.

Auf jeden Fall wird behauptet:
- Das Aufhören, der plötzliche Verzicht auf jeglichen Alkohol ist mir ganz leicht gefallen, ich hatte keinerlei Probleme damit, wie sie etwa ein Alkoholiker haben müsste.

Wenn man das schön glaubhaft und mit treuen Augen erzählen kann, dann müsste das eigentlich für ein positives Gutachten reichen. Oder? Es reicht nicht. Ganz im Gegenteil.

Der sicherste Weg zu einem negativen Gutachten führt über folgende Verteidigungsstrategien:

- Ich habe eigentlich niemals in meinem Leben viel Alkohol getrunken.
- Die Trunkenheitsfahrt war ein unerklärlicher Ausrutscher.
- So wie ich früher wenig getrunken habe, so trinke ich auch jetzt kaum etwas.
- Früher habe ich wenig getrunken, jetzt trinke ich gar nichts mehr.
- Früher habe ich zwar viel getrunken, jetzt trinke ich (fast) nichts mehr. Der plötzliche Verzicht auf Alkohol ist mir ganz leicht gefallen.

Die große Frage lautet jetzt: Warum? Warum führt Sie der gesunde Menschenverstand, der in den obigen Ausführungen nur gute Argumente sehen kann, so krass in die Irre? Um diese Frage zu beantworten, müssen wir weit ausholen.

Das psychologische Untersuchungsgespräch

Das Gespräch mit dem Psychologen ist ganz anders als eine normale Unterhaltung. Es ist kein dem Zufall überlassener, spontan sich entwickelnder Dialog zwischen zwei Personen. Mit dem psychologischen Untersuchungsgespräch verfolgt man eine bestimmte Absicht, es ist zielgerichtet und verläuft daher nach bestimmten Regeln.

Diese Regeln sind nicht ganz so strikt und formell wie beispielsweise die einer Gerichtsverhandlung. Ein psychologisches Untersuchungsgespräch ist auch kein Frage- und Antwortspiel, bei dem der Psychologe eine Liste von Fragen abhakt. Ein solches Gespräch ist vielmehr ein dynamischer Prozess, ein sich entwickelnder und von Fall zu Fall anders verlaufender Vorgang. Dieser Vorgang ist beeinflussbar, auch von Ihnen. Von Ihren Antworten hängt es ganz entscheidend ab, in welche Richtung das Gespräch läuft, welche Themen auf welche Art und Weise angesprochen werden.

Führen Sie sich eines ganz deutlich vor Augen: Das Untersuchungsgespräch beginnt nicht erst dann, wenn Sie der Psychologe zu sich in sein Zimmer bittet. Noch während Sie im

> *Der Psychologe geht sehr gut vorbereitet in das Untersuchungsgespräch. Tun Sie das auch.*

Warteraum die Fragebögen ausfüllen oder am Testgerät arbeiten, hat sich der psychologische Gutachter Ihre Akte geholt und sie aufmerksam studiert. Die wichtigsten Daten aus der Akte hat er sich auf einem Blatt Papier notiert. In dem Moment, in dem Sie bei ihm eintreten, weiß er bereits eine ganze Menge über Sie. Und er wird Sie mit diesem Wissen in der nächsten (halben) Stunde konfrontieren. Dass er die Informationen über Sie kurze Zeit, nachdem Sie sich zum Abschied die Hände geschüttelt haben, wieder vergessen hat, steht auf einem anderen Blatt – sein Gedächtnis braucht Platz für den nächsten Fall.

Das Mitschreiben während des Gesprächs

Wundern Sie sich deshalb nicht, wenn sich der Psychologe während des Gesprächs mit Ihnen sehr ausführliche handschriftliche Aufzeichnungen macht oder seine Notizen direkt in einen Computer schreibt. Dieses Mitschreiben stört zwar die Gesprächsatmosphäre und ist auch für den Psychologen ein hartes Stück Arbeit.

Andererseits ist aber klar, dass über das Gespräch möglichst genaue Aufzeichnungen geführt werden *müssen*. Zum einen natürlich für das unvermeidliche Gutachten, zum anderen aber auch dann, wenn nach dem Absenden des Gutachtens Nachfragen oder Einwände hierzu kommen, von Ihnen oder Ihrem Rechtsanwalt. Dann muss der Psychologe noch nachvollziehen können, was damals im Untersuchungsgespräch gesprochen wurde.

Das Mitschreiben hat aber auch einen Vorteil für Sie: Ein Gutachter, der sein Handwerk versteht, wird Ihnen nach wenigen Minuten schon durch die freundlich-angenehme Art seiner Gesprächsführung einen Gutteil Ihrer anfänglichen Nervosität genommen haben. Das macht er nicht, um Sie einzulullen und dann aufs Kreuz zu legen.

Der MPU-Psychologe hat es nämlich nicht leicht. Während des Gesprächs sitzt ihm ein vielleicht verunsicherter, vielleicht auch misstrauischer, auf jeden Fall aber angespannter Klient gegenüber. Dieser Klient hat jedoch nur dann eine Chance, sein Ziel, ein positives Gutachten, zu erreichen, wenn er mit dem Psychologen trotz der belastenden Ausgangslage ein – wenigstens einigermaßen – offenes und vertrauensvolles Gespräch führt.

Der MPU-Psychologe muss Sie also aus dem Schneckenhaus Ihrer Nervosität herausholen. In den meisten Fällen wird ihm das gelingen. Nach kurzer Zeit schon werden Sie das Untersuchungsgespräch als überraschend angenehm empfinden. Gut so.

Gut aber auch, dass Sie der Anblick des mitschreibenden Gegenübers nicht vergessen lässt, dass dies ein Untersuchungsgespräch ist und kein harmlos-freundlicher Kaffeeplausch unter Freunden.

Dokumente, die dem Psychologen vorliegen

Unter all den Zetteln, die Sie bei der Führerscheinstelle irgendwann zur Unterschrift vorgelegt bekamen, war auch ein Vermerk, auf dem Sie sich damit einverstanden erklärten, dass die Verwaltungsbehörde die für eine Begutachtung nötigen Unterlagen an die von Ihnen ausgewählte Begutachtungsstelle für Fahreignung schickt.

Tief schürfende Gedanken darüber, was Sie alles im Lauf eines Lebens unterschreiben, ohne eigentlich zu wissen, was, brauchen Sie sich in diesem Fall nicht zu machen. Sie wissen ja: Die MPU ist freiwillig. Sie müssen die Initiative ergreifen. Sie wissen aber auch: Wenn Sie sich weigern, irgendwas von dem zu tun, was die Verwaltungsbehörde für nötig hält, bekommen Sie Ihren Führerschein niemals wieder. Sie haben also mit Ihrer Unterschrift keinen Fehler gemacht.

Wie umfangreich die an die Begutachtungsstelle versandten Unterlagen sind, hängt nicht allein davon ab, wie viel Sie bereits auf dem Kerbholz haben. Früher spielte die verwaltungstechnische Linie der jeweiligen Behörde (sprich: des Behördenchefs) eine große Rolle: Es gab Führerscheinstellen, die verschickten grundsätzlich die gesamte Führerscheinakte im Original an die Begutachtungsstelle. Andere wiederum versendeten Auszüge, mehr oder weniger vollständig, mehr oder weniger weit zurückreichend, zum Teil im Original, zum Teil fotokopiert, zum Teil auch mit Vorgängen, die mit dem Anlass der MPU nicht das Geringste zu tun hatten.

Nach der aktuellen Rechtslage sind die Dinge klar geregelt: Die Behörde darf nur jene Teile Ihrer Akte an die Untersuchungsstelle schicken, die im Zusammenhang mit dem Anlass Ihrer MPU stehen. Ebenso klar ist, dass viele Führerscheinbehörden weiterhin die ganze Akte an die Untersuchungsstellen schicken, einfach deshalb, weil das Herausnehmen (und spätere Wiedereinfügen) irrelevanter Schriftstücke eine Heidenarbeit ist.

An für den Psychologen interessantem Material sind enthalten:

- ein sogenannter KBA-Auszug, das sind Ihre Eintragungen in der Flensburger Verkehrssünderkartei, und
- ein sogenannter BZR-Auszug, das ist Ihr Führungszeugnis.

Diese beiden Informationen sind das absolute Minimum, das Muss für jede Verwaltungsbehörde. Ohne diese Dokumente arbeitet der Psychologe nicht, bei noch weniger Vorinformationen muss er die Untersuchung ablehnen.

Wahrscheinlich vorliegende Dokumente

Es dürfen nur Unterlagen verwendet werden, die im Zusammenhang mit dem Anlass Ihrer Untersuchung stehen. Täuschen Sie sich aber nicht darüber, was alles dazu zählen kann. Dazu können nämlich auch Urteile gehören, die mit Alkohol im Straßenverkehr überhaupt nichts zu tun haben, in vielen Fällen noch nicht mal mit dem Straßenverkehr. Ihr Ladendiebstahl vom vorletzten Jahr kann dem Psychologen also durchaus durch die Führerscheinstelle bekannt sein. Dahinter steckt die Überlegung, dass kriminelles Verhalten Ausfluss einer charakterlichen Fehlentwicklung ist. Diese Fehlentwicklung kann auch auf das Verhalten des Betreffenden im Straßenverkehr

Einfluss haben. Also soll sich der Psychologe – wenn er sich den Mann ohnehin schon anschaut – auch diese Mühe noch machen.

Man könnte darüber streiten, wie und bis zu welcher Grenze diese Überlegung sinnvoll ist, für Sie ist diese Regelung jedoch bis auf weiteres eine kurzfristig und von Ihnen nicht zu beseitigende Tatsache. Stellen Sie sich darauf ein.

In manchen Fällen wird die aus Urteil/Strafbefehl ersichtliche Information ergänzt durch weitere Aufzeichnungen über Ihre Trunkenheitsfahrt:

- das polizeiliche Protokoll über Ihren damaligen Unfall oder darüber, unter welchen Umständen Sie damals angehalten und kontrolliert wurden,
- Ihre Aussagen vor der Polizei, vielleicht auch noch die Aussagen von vernommenen Zeugen und
- das ärztliche Protokoll über die erfolgte Blutentnahme.

Waren sie früher schon einmal bei einer MPU, haben vielleicht an einem Kurs teilgenommen und das entsprechende Gutachten bei der Führerscheinstelle abgegeben, dann findet der Psychologe in der Akte vermutlich Folgendes:

- sämtliche früheren MPU-Gutachten, die Sie bei der Behörde abgegeben haben; Gutachten aus alter Zeit und Gutachten, die erst vor kurzem, also nach der letzten Trunkenheitsfahrt, erstellt wurden, und
- die Bescheinigung eines Schulungskurses für alkoholauffällige Kraftfahrer.

Die Pflicht zu vergessen

Sie werden sich vielleicht fragen, wie weit die dem Psychologen vorliegenden Informationen eigentlich zurückreichen bzw. zurückreichen dürfen, welche dieser Informationen er überhaupt verwenden darf und vor allem, wie es sich mit den aus den gesetzlichen Registern bereits getilgten Informationen verhält.

Hier hat sich seit dem 1. Januar 1999 einiges zu Ihren Gunsten verändert. Es gilt generell die Regel, dass Eintragungen im Bundeszentralregister (Führungszeugnis), die bereits getilgt worden sind, dem Betroffenen im Rechtsverkehr nicht mehr vorgehalten und nicht zu seinem Nachteil verwendet werden dürfen. Das heißt für Sie, dass Delikte, die älter als zehn Jahre sind, nicht mehr Thema der MPU sein dürfen. Die früher geltende Ausnahmeregelung (weil ein MPU-Gutachten ja kein Rechtsakt ist, sondern eine fachliche Stellungnahme) ist jetzt außer Kraft. Sie brauchen diese gelöschten Delikte auch nicht im Fragebogen oder beim Untersuchungsgespräch anzugeben.

Aber Vorsicht: Die zehn »Jahre des Vergessens« beginnen nicht schon vom Zeitpunkt der Tat an zu laufen, vielmehr können Trunkenheitsfahrten bis zu maximal 15 Jahren berücksichtigt werden. So lange können sie nämlich im Verkehrszentralregister gespeichert sein, weil die zehnjährige Tilgungsfrist erst zum Zeitpunkt der letzten Führerscheinerteilung zu laufen beginnt. Das Beste ist, Sie erkundigen sich bei der Führerscheinstelle, welche Alkoholdelikte und welche sonstigen Verstöße und Delikte noch Gegenstand der MPU sein werden.

Was ein Rechtsanwalt nützt

Ein Rechtsbeistand in Form eines in Verkehrsrecht und MPU-Fragen erfahrenen Rechtsanwalts kann für Ihre Führerschein-problematik von Vorteil sein, zum Beispiel beim Antrag auf eine Sperrfristverkürzung, in Einzelfällen aber auch zur Klä-

> • *Der Psychologe weiß sehr viel über Sie und Ihre Vorgeschichte. Wie viel er weiß, wissen Sie vor dem Gespräch nicht. Gehen Sie sicherheitshalber davon aus, dass er alles weiß, was über Sie in einer Führerscheinakte nur stehen kann.*
> • *Bereiten Sie sich auf das Gespräch besser vor als der Psychologe. Sie haben mehr Zeit dazu als er. Einzelheiten Ihrer Vorgeschichte sollten Sie mindestens so gut parat haben wie der Psychologe.*

rung strittiger Fragen rund um die MPU. Falls Sie einen Rechts-anwalt beauftragt haben, dann lassen Sie das ruhig während des Gesprächs einfließen, sofern sich ein Zusammenhang ergibt.

Vermeiden Sie aber einen drohenden Unterton. Ihr Gutachter hat keine Angst vor einem Rechtsanwalt, und in Zeiten der massenhaften Verbreitung von Rechtsschutzversicherungen ist es auch wahrlich nichts Ungewöhnliches mehr, einen zu haben.

Die für den Psychologen wichtigen Informationen

Aus all den in der Akte gesammelten Unterlagen kann der Psychologe eine Menge Informationen über Sie herausdestillieren. Er kennt auf jeden Fall

- die Zahl Ihrer Trunkenheitsfahrten, im Sprachgebrauch der Psychologen »Rückfallhäufigkeit« genannt,
- den Zeitpunkt der Trunkenheitsfahrten, also die Abstände zwischen mehreren Trunkenheitsfahrten (»Rückfallgeschwindigkeit«),
- die deswegen jeweils gegen Sie verhängte Strafe,
- den Zeitpunkt der Führerschein-Neuerteilung.

Im Extremfall, der aber wirklich ganz selten ist, weiß der Gutachter aus den Akten sonst nichts über Sie und Ihre früheren Erfahrungen mit Polizei und Justiz. In aller Regel weiß er über die oben aufgezählten, unerlässlichen Grundinformationen hinaus noch aus eventuellen Strafbefehlen/Urteilen,

- wie viel Promille bei Ihrer Trunkenheitsfahrt gemessen wurden,
- wie viel Zeit zwischen polizeilichem Anhalten (Unfall) und Entnahme der Blutprobe verstrichen ist,
- zu welcher Tageszeit die Trunkenheitsfahrt stattfand.

Liegen auch noch Polizei- und Blutentnahmeprotokolle oder sonstige Auszüge aus den Ermittlungsakten vor, so erweitert sich die Vorinformation des Psychologen. Er weiß dann,

- wie im Einzelnen die Trunkenheitsfahrt abgelaufen ist,
- wie viel an Alkoholkonsum Sie damals der Polizei gegenüber angegeben haben,
- wie Ihr körperlicher und geistiger Zustand bei der Polizei oder bei der Blutentnahme war.

Und wenn auch noch frühere MPU-Gutachten oder Kursbescheinigungen vorliegen, dann weiß er darüber hinaus noch,

- was Sie dem Gutachter über Ihren damaligen und früheren Alkoholkonsum erzählt haben,
- wie das Delikt im Einzelnen aussah (zum Beispiel Trinkmengen),
- wie hoch damals Ihre Leberwerte waren, wie der sonstige ärztliche Befund war,
- wie viel Zeit nach einem positiven Gutachten, einem Kursbesuch verstrichen ist, bis Sie rückfällig geworden sind.

Der eigene Informationsstand zur Vorbereitung auf die MPU
Zählen Sie alles zusammen, so werden Sie feststellen, dass Sie ein ziemlich gläserner Mensch geworden sind. Der psychologische Gutachter weiß eine ganze Menge über Sie, noch ehe er Sie gesehen hat.

Rechnen Sie immer mit diesem Wissen, hoffen Sie nicht darauf, dass gerade Ihre Führerscheinstelle eine schlampige Behörde ist und der Begutachtungsstelle nur wenig Aktenmaterial geschickt hat.

Pokern Sie nicht, sondern gehen Sie sicherheitshalber davon aus, dass Ihr Gutachter sehr gut vorinformiert ist. Stellen Sie sich darauf ein, indem Sie sich gut vorbereiten. Jede falsche oder unvollständige Angabe, die Sie in der Hoffnung gemacht haben, der Gutachter wüsste davon nichts, kann sich – wenn sie als Verschweigen erkannt wird – nachteilig für Sie auswirken.

Sollte es doch einmal passieren, dass Sie zu hoch gepokert haben und nun vom Psychologen auf diese Unstimmigkeit angesprochen werden, sollten Sie auf keinen Fall mehr leugnen, sondern offen zu Ihrer Vorgeschichte stehen. Machen Sie im Gespräch auch sofort klar, dass Sie von diesem oder jenem Delikt deshalb nichts gesagt hätten, weil Sie gedacht hätten, das spiele keine Rolle mehr, es sei längst getilgt.

Es ist von großem Vorteil für Sie, Ihre Deliktvorgeschichte sehr gut und sicher im Kopf zu haben. Ein Schwimmen in den Eckpunkten der eigenen Lebensgeschichte macht keinen guten Eindruck, Sie sammeln damit Minuspunkte. Um Missverständnissen vorzubeugen: Mit einer gründlichen Vorbereitung ist nicht gemeint, dass Sie jetzt Ihre Trunkenheitsfahrten pauken sollen wie damals in der Schule die Daten von historisch bedeutsamen Schlachten. Natürlich kann es passieren, vor allem bei weiter zurückliegenden Dingen, dass man Jahreszahlen durcheinanderbringt oder nicht mehr ganz genau sagen kann. Der Gutachter weiß, dass auch ein selbstkritischer Mensch, der jetzt im Gespräch ausschließlich auf sein Gedächtnis angewiesen ist, ein Alkoholdelikt aus dem Jahre 1987 schon mal ins Jahr 1989 verlegt.

Aber wer wichtige Ereignisse seiner Vergangenheit grob durcheinanderbringt, völlig falsch wiedergibt oder ganz vergessen hat, kann kaum glaubhaft machen, dass er sich mit den Fehlern in den zurückliegenden Monaten und Jahren wirklich beschäftigt und aus ihnen gelernt hat.

Machen Sie es wie der Psychologe: Notieren Sie lange vor der MPU Ihre Verkehrsvorgeschichte mit allen Einzelheiten. Sollte Sie Ihr Gedächtnis dabei im Stich lassen, dann holen Sie Ihre Unterlagen heraus, und schauen Sie nach. Mit Unterlagen meinen wir Strafbefehle von damals, Urteile, Schriftsätze Ihres Anwalts oder was immer sich sonst in Ihrem Ordner angesammelt hat.

Sie wissen nun, was der Psychologe weiß oder zumindest wissen könnte. Sie sollten sich aber weiter fragen:
• Was nützt dem Psychologen dieses Wissen?

- Welche Schlüsse kann er aus diesen Fakten über mich ziehen?
- Aufgrund welcher Überlegungen zieht er diese Schlüsse?

Und vor allem:
- Was bedeuten die naheliegenden Schlussfolgerungen für mich und mein Gesprächsverhalten in der MPU?

Um diese Fragen sinnvoll und wohlbegründet beantworten zu können, müssen wir, was den Alkoholgenuss betrifft, in den folgenden Kapiteln ein wenig Theorie pauken.

6 Exkurs: Alkohol und seine Wirkung

Im Allgemeinen versteht man unter Alkohol den Weingeist oder Äthylalkohol, der in alkoholischen Getränken enthalten ist. Äthylalkohol entsteht durch die alkoholische Gärung aus kohlenhydrathaltigen pflanzlichen Rohstoffen. Obwohl weniger giftig als Methylalkohol, wirkt auch Weingeist schädlich auf das Nervensystem.

Alkohol ist ein relativ starkes Zellgift, das bei entsprechender Dosierung die Koordinierung der Muskelbewegungen stört und dadurch Körperfunktionen lähmt. Da es auch berauschend wirkt, rechnet man es zu der Gruppe der Rauschgifte. Außerhalb von Fachzirkeln wird nicht gerne darüber gesprochen, aber Alkohol zählt zu den harten Drogen, sein Suchtpotenzial ist weitaus höher als das von Haschisch, höher auch als das von Kokain.

Alkoholische Getränke konsumiert man aus verschiedenen Gründen:

- als Nahrungsmittel bzw. Durstlöscher (der Wein zum Essen, das Bier in der Hitze des Sommernachmittags), denn der Genuss alkoholischer Getränke in kleinen Mengen wirkt anregend;
- als Genussmittel (der Weinbrand nach dem Essen, der Likör zum Kaffee), denn alkoholische Getränke schmecken gut;
- als Droge (das Gläschen Wein zur abendlichen Entspannung, die Flasche Schnaps, um alles zu vergessen), denn alkoholische Getränke verändern das Bewusstsein.

Das Verhältnis von Trinkmenge zu Blutalkoholkonzentration

Die Blutalkoholkonzentration (BAK) wird in Promille gemessen. Promille ist ein Maß für den Alkoholgehalt in der Körperflüssigkeit, *pro mille* (lateinisch) heißt wörtlich: vom Tausend. Ein Promille (1‰) bedeutet, dass in einem Liter Blut (oder sonstiger Körperflüssigkeit) ein Gramm reiner Alkohol gelöst ist.

Über den Verdauungstrakt gelangt der Alkohol ins Blut und wird dann sehr schnell in alle wasserhaltigen Körperzellen (dazu gehören auch die Gehirnzellen) verteilt. In Fett ist Alkohol nicht löslich, in die kompakten Knochen kann er ebenfalls nicht gelangen.

Beim Mann beträgt der Anteil wasserhaltigen Körpergewebes ca. 70 Prozent, bei der Frau ca. 60 Prozent. Die gleiche Trinkmenge wird also im Körper einer Frau deutlich weniger verdünnt als bei einem gleich schweren Mann. Bei gleicher Trinkmenge hat eine Frau rund 15 Prozent mehr Promille als ein Mann von gleichem Gewicht.

Bei gleicher Trinkmenge reinen Alkohols hängt die abschließend gemessene Blutalkoholkonzentration im Wesentlichen ab

- vom Körpergewicht;
- vom Geschlecht, genauer gesagt: von der Art des Körperbaus. Ein fettleibiger Mann wird einen ähnlich geringen Wasseranteil besitzen wie eine Frau, und umgekehrt wird eine sehr schlanke, knabenhaft gebaute Frau eher einem durchschnittlichen Manne gleichen;
- von der Trinkgeschwindigkeit.

Auf die Blutalkoholkonzentration haben – entgegen weit verbreiteter Gerüchte – keinen oder nur einen vernachlässigbar geringen Einfluss:

- die Körpergröße,
- die Trinkgewöhnung (sie spielt allerdings eine sehr große Rolle bei der Wirkung einer bestimmten Alkoholmenge),
- die Tätigkeit während des Trinkens (beim Arbeiten wird der Alkohol nicht wieder ausgeschwitzt),
- die eventuelle vorherige Nahrungsaufnahme,
- die gleichzeitige Medikamenteneinnahme (Medikamente können die Wirkung von Alkohol zum Teil aber drastisch verstärken).

Der aufgenommene Alkohol wird zu 90 Prozent durch die Leber abgebaut, der Rest verteilt sich auf Schweiß (ein Prozent), Lunge (fünf Prozent) und Niere (vier Prozent). Der Körper baut pro Stunde etwa acht Gramm reinen Alkohol ab, das entspricht etwa dem Alkoholgehalt eines *Standardglases*. Ein Standardglas ist 0,25 l Bier, 0,1 l Sekt oder Wein oder 0,02 l Schnaps. (Wenn Sie die MPU in Bayern machen, muss Ihnen klar sein, dass der Gutachter dort unter einem Glas normalerweise einen halben Liter versteht.)

Nach der sogenannten Widmark-Formel

$$\text{Alkoholgehalt in Promille} = \frac{\text{Alkoholmenge in Gramm}}{\text{Körpergewicht in Kilogramm x 0,7}}$$

errechnet sich für eine Person von durchschnittlichem Körpergewicht (75 kg) pro Standardglas (8 g reiner Alkohol) eine BAK von rund 0,15 Promille.

Wenn Sie die obige Faustformel auf größere Mengen Alkohol anwenden wollen, dann müssen Sie natürlich berücksichtigen, dass der Alkoholabbau bereits gut eine Viertelstunde nach dem ersten Schluck beginnt. Bei einem in Gesellschaft üblichen Trinktempo dürfen Sie – wenn Sie den jeweiligen Abbau schon einkalkulieren – etwa 0,1 Promille für das Standardglas rechnen. Für 2,0 Promille braucht demzufolge ein normal gebauter Mann, der nicht zu hastig trinkt, immerhin

- 20 Gläser Bier à 0,25 l, entsprechend 10 bayerische Halbe oder
- acht Viertelgläser Wein (knapp drei Flaschen Wein à 0,7 l) oder
- 20 Schnäpse à 0,02 l (gut eine halbe Flasche Schnaps).

Aber das ist letztlich pure Theorie. Was die einfache Widmark-Formel nämlich nicht berücksichtigt, ist das sogenannte Resorptionsdefizit. Darunter versteht man das Phänomen, dass ein gar nicht mal so kleiner Teil des getrunkenen Alkohols überhaupt nicht in den Blutkreislauf gelangt.

Dieses Resorptionsdefizit ist individuell sehr verschieden, es liegt zwischen fünf Prozent und 45 Prozent. So wie es beim Essen gute und schlechte Verwerter gibt, gibt es auch beim Trinken Menschen, die den genossenen Alkohol aufsaugen, während andere einen erheblichen Teil durchlaufen lassen.

Die Widmark-Formel beschreibt also die *maximale Obergrenze* für die BAK. Früher, als es noch keine genaueren Messmethoden gab, verwendete man diese Formel, die gewissermaßen einen hohen »Sicherheitszuschlag« beinhaltet. Der wahre Wert liegt aber meistens deutlich niedriger. Um also zwei Promille zu erreichen, sind mehr Gläser Alkohol nötig als dargestellt. Gehen Sie ruhig von über sechs bis acht Litern Bier bei einem 80 Kilogramm schweren Mann aus. So mancher hat sich schon um eine positive MPU gebracht, weil er sich seine Trinkmenge mit der vermeintlich wissenschaftlich stichfesten Widmark-Formel zurechtlegte.

Der Alkoholrausch

Wie bei jedem Gift (sagen wir besser: wie bei allen organisch wirksamen Stoffen) hängt auch beim Alkohol die Wirkung auf den Organismus sehr stark von der jeweils aufgenommenen Dosis und von der Gewöhnung an den jeweiligen Giftstoff ab. Wer zum Beispiel – siehe Krimi – längere Zeit langsam, aber immer mehr Arsen zu sich nimmt, ist irgendwann in der Lage, seinem Opfer eine tödliche Dosis ins Essen zu mischen und dabei selber unbesorgt von dem Gericht mitzuessen.

Eine Blutalkoholkonzentration von etwa 1,3 Promille wird bei einem nicht alkoholgewöhnten Menschen bereits eine verheerende Wirkung haben:

- Er wird Schwierigkeiten haben zu stehen.
- Das Gehen wird ihm zu einem unlösbaren Problem.
- Das Sprechen ist in ein unverständliches Lallen übergegangen.
- Kurz: Er wird in einem bejammernswerten Zustand sein.

Trinkt dieser alkoholungewöhnte Mensch nun weiter – er wird schwerlich dazu in der Lage sein, da ihm vermutlich das Glas entgleitet, aber nehmen wir es mal an –, trinkt dieser Mensch nun weiter und nähert sich der Grenze von zwei Promille, dann wird er in einen bedenklichen, ja lebensbedrohenden Zustand kommen. Tödliche Alkoholvergiftungen sind, wohlgemerkt: bei erwachsenen Personen, ab zwei Promille in der Medizin bekannt.

Todesfälle mit »nur« zwei Promille sind trotzdem selten. Sie sind es deshalb, weil diejenigen, die mit zwei Promille sterben würden, meist gar nicht auf diese hohe BAK kommen. Der Körper wehrt sich irgendwann drastisch gegen den aufgezwungenen, nicht mehr zu bewältigenden Alkohol. Der Trinkende kotzt wie ein Reiher.

Ganz anders liegen hingegen die Dinge bei einem Menschen, der sich durch beharrliches Training, also durch mehr oder weniger allmähliche Dosissteigerung in die Leistungsklasse der Trinker emporgearbeitet hat. Dieser Mensch ist mit zwei Promille durchaus noch handlungsfähig, er kann zum Beispiel in diesem Zustand ein Kraftfahrzeug führen. Er wird (vielleicht) nicht mehr sehr gut, geschweige denn sicher fahren, aber allein die Tatsache, dass er einen Wagen noch von der Stelle bewegen kann – auskuppeln, Gang einlegen, einkuppeln – belegt eine ganz überdurchschnittliche Alkoholgewöhnung.

Wir kennen die Geschichte von einem körperlich schwer abhängigen Alkoholiker, der am Sonntagmorgen (relativ nüchtern) mit dem Auto zum Bahnhof gefahren ist, um sich dort Bier und Schnaps zu kaufen, und dabei tödlich verunglückte. Bekannte führen den Unfall darauf zurück, dass er eben fast nüchtern war, und sind der festen Überzeugung, dass ihm auf der Heimfahrt – vor der er sicher schon etliches an Bier und Schnaps getrunken hätte – der Unfall nicht passiert wäre.

Zwischen der Blutalkoholkonzentration und der möglichen Ausprägung eines Rausches besteht also kein allgemein gültiger Zusammenhang. 1,7 Promille bedeuten für den einen eine subjektiv kaum wahrnehmbare Wirkung, während sie bei dem anderen zu einem Vollrausch (vielleicht zu einer schweren Alkoholvergiftung) führen können.

Die Wirkung des Alkohols beim Autofahren

Alkohol verändert die Wahrnehmung
- Die Blendempfindlichkeit des Auges ist herabgesetzt, weil sich die Pupille bei plötzlichem Lichteinfall (entgegenkommende Scheinwerfer) zu langsam schließt. Da die meisten Alkoholfahrten nachts stattfinden, können Sie sich ausmalen, was das für die Verkehrssicherheit bedeutet.
- Die Entfernungsschätzung wird unzuverlässig, weil die Augenlinse unter Alkoholeinfluss nicht mehr so schnell von nah auf fern und umgekehrt schalten kann. Das hat zur Folge, dass der alkoholisierte Kraftfahrer häufig zu dicht auffährt.

Alkohol verändert uns in vielerlei Hinsicht. Diese Veränderungen beginnen bereits bei einer geringen Dosis (einem Glas) und nehmen mit fortschreitender Alkoholisierung sehr stark zu.

- Die Geschwindigkeitsschätzung wird unzuverlässig, da unser Gehirn die Geschwindigkeit aus der wahrgenommenen Entfernungsveränderung und der verstrichenen Zeit errechnet.
- Das Blickfeld wird eingeengt, der sogenannte Tunnelblick tritt auf; wir sehen zwar noch das, was direkt vor uns liegt, Informationen von den Rändern (Fußgänger, seitlich auf uns zukommende Fahrzeuge) werden aber sehr viel schlechter wahrgenommen.

Alkohol verändert die Informationsverarbeitung

Unter Alkoholeinfluss dauert es wesentlich länger, bis ein wahrgenommener Sachverhalt als Gefahr erkannt wird.

Alkohol verändert die Handlungsfähigkeit

- Die Reaktionsgeschwindigkeit verlangsamt sich bereits bei kleinen Mengen, der Effekt verstärkt sich drastisch bei höheren Mengen. Es dauert also erheblich länger, bis auf die Wahrnehmung der Gefahr eine Reaktion erfolgt.
- Die sichere Ausführung der notwendigen Reaktion ist – wenn sie dann schließlich erfolgt – erheblich schlechter; Betrunkene bremsen deutlich härter, lenken ruckartiger, tun sich sehr schwer mit sinnvollem Gegensteuern.

Alkohol verändert das Denken

Unter Alkoholeinfluss werden wir entspannter und enthemmter, was angenehm und durchaus erwünscht sein kann. Aber wir werden auch leichtsinniger, wagemutiger, das Selbstvertrauen steigt. Daraus ergibt sich eine sehr gefährliche Kombination: Erhöhtes Selbstbewusstsein bei herabgesetzter Leistungsfähigkeit führt dazu, dass ich zwar einerseits schlechter fahre als normalerweise, mir aber andererseits mehr zutraue.

Wie dramatisch die durch größeren Alkoholkonsum ausgelösten Veränderungen wirklich sind, machen Sie sich vielleicht am besten klar, indem Sie sich vorstellen, wie Ihnen zu Mute wäre, wenn sich ein Alkoholrauschzustand bei Ihnen einstellt, ohne dass Ihnen der vorausgegangene Alkoholgenuss bewusst geworden wäre. Sie müssten annehmen, Sie wären – psychisch und körperlich – sehr schwer erkrankt.

Der Einfluss der Alkoholgewöhnung auf die Fahrtüchtigkeit

Die Alkoholgewöhnung – also die vorangegangene Übung im Trinken – hat einen erheblichen Einfluss auf die Alkoholverträglichkeit. Wenn das stimmt (und es stimmt), dann müsste es doch auch enorme Unterschiede in Bezug auf die Fahrtüchtigkeit geben. Kann man also so einfach, wie es der Gesetzgeber praktiziert, die 1,0 Promille eines geübten Oft- und Vieltrinkers mit denselben 1,0 Promille eines Anfängers vergleichen?

Nein, man kann es nicht. Während der eine bei dieser Alkoholisierung bereits »jenseits von Gut und Böse« ist und nach wenigen Metern im Graben landet, flieht der andere mit überhöhter Geschwindigkeit vor der ihn verfolgenden Polizei – nicht selten erfolgreich.

Und tatsächlich macht der Gesetzgeber – Sie erinnern sich noch an die Darstellung der Promillegrenzen – einen deutlichen Unterschied zwischen dem Alkoholanfänger und der »Leistungsklasse«.

Trotzdem ist klar: Irgendwann zeigt auch der härteste Trinker Wirkung! Damit klare Verhältnisse herrschen, lässt man sich bei Gericht ab 1,1 Promille auf keine Diskussionen ein.

Was ist ein Alkoholiker?

Die zuverlässige begriffliche Abgrenzung eines Alkoholikers von einem nicht abhängigen Vieltrinker ist sehr schwierig, die Grenze fließend. Der Alkoholiker unterscheidet sich nicht in erster Linie durch die regelmäßig oder zu bestimmten Anlässen von ihm genossenen Mengen vom Vieltrinker, sondern durch die Art und Weise, wie er mit dem Alkohol umgeht (oder eben nicht umgeht, sondern dem Alkohol ausgeliefert ist).

Ein Alkoholiker ist auf jeden Fall, wer ohne körperliche oder seelische Beschwerden auf Alkohol nicht verzichten kann.

Ein Alkoholiker ist wahrscheinlich,

• wer sich schwertut, nach einer bestimmten Menge aufzuhören, wenn er einmal angefangen hat, oder

• wer durch Alkoholmissbrauch große körperliche, seelische oder soziale Probleme bekommt und trotzdem nicht aufhören kann, Alkohol in größeren Mengen zu trinken.

Nebenbei bemerkt: Am Tag der MPU sollten Sie auf jeden Fall die Finger von Alkohol in jeglicher Form und Menge lassen, selbst das kleine Bier zum Mittagessen ist tabu. Jede Begutachtungsstelle für Fahreignung verfügt über Alkomaten, also Geräte zur Messung der Atemalkoholkonzentration. Manche Begutachtungsstellen lassen bei Verdacht blasen (Fahne, unsicherer Gang, Sprechschwierigkeiten), bei anderen ist jeder dran, wieder andere bevorzugen zufällige Stichproben nach dem Motto: Wenn ein Mensch sich nicht einmal an diesem Tag zusammenreißen kann…

7 Die Auswertung der Vorinformationen

Fangen wir gleich mit der wichtigsten Information an, jenem Punkt nämlich, an dem sich erfahrungsgemäß Streit zwischen den Psychologen und den Klienten oder deren Rechtsanwälten entzündet.

Blutalkoholkonzentration bei der Trunkenheitsfahrt

Ihre Blutalkoholkonzentration bei der Trunkenheitsfahrt (oder bei einer der Trunkenheitsfahrten) war ungewöhnlich hoch – das heißt, sie lag über 1,6 Promille –, und Sie waren dennoch in der Lage, ein Kraftfahrzeug zu führen. Sie sind vielleicht nicht sehr gut gefahren, aber Sie haben Ihr Auto noch von der Stelle gebracht.

Wenn Sie sich vor Augen führen, was wir im vorigen Kapitel gesagt haben, darüber hinaus bedenken, dass ein durchschnittlicher, sprich mäßiger Alkoholkonsument spätestens ab 1,3 Promille einen enormen Rausch mit erheblichen Ausfallerscheinungen hat, dann mag Ihnen einleuchten, dass der Psychologe aus solch ungewöhnlich hoher Blutalkoholkonzentration schließen muss, dass Sie generell sehr stark alkoholverträglich sind. Genau genommen kann er zwar daraus nur schließen, dass Sie zum Zeitpunkt der Trunkenheitsfahrt sehr stark alkoholverträglich waren.

Hohe Alkoholverträglichkeit heißt aber hohe Alkoholgewöhnung, und hohe Alkoholgewöhnung wiederum setzt Training voraus. Das Trinken von Alkohol in größerer Menge vor Ihrer Fahrt kann also kein einmaliger Ausrutscher gewesen sein.

Daraus folgt: Die hohe Alkoholisierung bei der Trunkenheitsfahrt war ganz sicher kein dummer Zufall, sondern vielmehr das Ergebnis eines problematischen Verhältnisses zum Alkohol – vorsichtig ausgedrückt.

Diese sogenannte Gewöhnungshypothese ist das Kernstück aller Überlegungen und Schlüsse des Psychologen. Kein Psychologe, kein Arzt noch sonst ein Mensch, der gründliche Erfahrungen auf dem Gebiet der Alkoholwirkungen hat, wird es Ihnen abnehmen, dass Sie ohne vorangegangene intensive Übung, sprich: ohne Gewöhnung an große Mengen Alkohol, in der Lage gewesen sein sollen, mit zwei Promille oder mehr noch relativ sicher auf den Beinen zu stehen.

Wenn Sie einige Seiten zurückblättern und dann für sich ausrechnen, wie viel Ihres Lieblingsgetränks Sie brauchen, um im Lauf eines längeren Abends auf zwei Promille zu kommen, dann wird Ihnen vielleicht noch etwas klar: Stellen Sie sich einen Menschen vor, der gewohnheitsmäßig nur selten Alkohol trinkt und auch dann nur mäßig. Diese Versuchsperson wird selbst in Ausnahmesituationen kaum auf die Idee kommen, derart viel Alkohol zu sich zu nehmen. Und käme sie dennoch auf die Idee, so hätte sie ihre liebe Not, diese enorme Menge auch im Leib zu behalten. Der Körper würde sich ohne entsprechende Gewöhnung heftig gegen diese Überschwemmung mit einem Giftstoff wehren, unsere erdachte Versuchsperson würde sich heftig übergeben müssen. Sie wäre nur schwer in der Lage, sich auch nur in die Nähe der Zwei-Promille-Grenze zu trinken.

Zahl der Trunkenheitsfahrten

Wenn ein Kraftfahrer (eventuell sogar mehrfach) mit Trunkenheit im Verkehr rückfällig geworden ist, so kann man daraus schließen, dass seine Beziehung zum Alkohol im Lauf der

Zeit so eng und innig geworden ist, dass er selbst aus den schmerzhaften Erfahrungen der vergangenen Trunkenheitsfahrten (Geldstrafe, Führerscheinentzug, eventuell Arbeitsplatzverlust wegen des Führerscheinentzugs) nicht den weit reichenden Schluss ziehen konnte, den Alkohol am Steuer zu meiden wie die Pest.

Letztlich ist – wenn man es ganz kühl betrachtet – in einem solchen Fall der Alkohol, die Lust am Alkohol, stärker gewesen als jede Vernunft und alle Angst vor erneuter Strafe.

Erinnern wir uns an unseren Definitionsversuch des Begriffs »Alkoholiker«: »Wahrscheinlich Alkoholiker ist, wer durch den Alkohol große körperliche, seelische oder soziale Probleme bekommt und trotzdem nicht aufhören kann zu trinken.« Ein solches »großes soziales Problem« ist natürlich der Führerscheinverlust mit all seinen Folgen. Ein rückfälliger Trunkenheitsfahrer muss kein Alkoholiker sein, aber die Wahrscheinlichkeit, dass er es doch ist, ist so wahnsinnig gering nicht. Im Übrigen ist die Rückfallhäufigkeit für die Prognose weiterer Rückfälle noch wichtiger als die Höhe der Promille. (Sie erinnern sich: Trunkenheitsfahrten, die mehr als zehn Jahre zurückliegen, dürfen nicht mehr berücksichtigt werden.)

Der Abstand zwischen mehreren Trunkenheitsfahrten

Liegen zwischen zwei aktenkundig gewordenen Trunkenheitsfahrten zum Beispiel neun Jahre, so kann man dem Betreffenden immerhin noch zugute halten, dass die erste Strafe schon lange zurückliegt, der Eindruck, den sie damals auf ihn gemacht hat, schon weitgehend verblasst ist.

Ganz anders liegt der Fall, wenn zwischen Führerschein-Wiedererteilung und Alkoholrückfall lediglich eine kurze Zeitspanne, sagen wir zwei oder drei Jahre, vergangen sind. Aus einem derart schnellen Rückfall lässt sich im Prinzip also dasselbe schließen wie aus einem häufigen Rückfall. Kommen schnelle und häufige Rückfälle bei einer Person zusammen, so ist der Verdacht auf ein ganz schweres Alkoholproblem noch zusätzlich erhärtet.

Trunkenheitsfahrt zu ungewöhnlicher Tageszeit

Wer nicht gerade ein sehr unbürgerliches Leben führt, wird aus naheliegenden Gründen seinen Alkoholkonsum wohl auf die Abend- und Nachtstunden konzentrieren. Selbst Schichtarbeiter machen hier nur eine kleine Ausnahme, denn auch sie leben meistens nicht für sich allein, auch sie nehmen am sonstigen Leben teil, und ein Schichtarbeiter wird um zehn Uhr vormittags kaum eine gesellige Veranstaltung mit »Alkoholverführung« besuchen. Auch er wird also – wenn überhaupt – erst nach 20 Uhr alkoholische Getränke zu sich nehmen.

Wenn Ihre Trunkenheitsfahrt (mit erheblichen Promillewerten) bereits am Nachmittag oder am frühen Abend stattgefunden hat, dann heißt das, dass Sie schon zu ungewöhnlich früher Stunde ungewöhnlich viel Alkohol zu sich genommen haben. Kommt dann hinzu, dass die Trunkenheitsfahrt ohne besonderen äußeren Anlass (Fest oder Ähnliches) stattgefunden hat, so wird der Psychologe – wenn er nicht massiv entlastende Zusatzinformationen bekommt – auf ganz abnorme Trinkgewohnheiten schließen müssen.

Das Alter des Klienten

Sind Sie zum Beispiel noch sehr jung (unter 25 etwa) und haben den Führerschein vielleicht erst kurze Zeit vor der Trunkenheitsfahrt gemacht, so wird auch dies zu einem Argument gegen Sie. Wer schon früh mit dem Alkoholmissbrauch beginnt, wer sich auch schon früh das alkoholisierte Fahren »angewöhnt«, der ist nach der statistischen Erwartung einer extrem rückfallgefährdeten Gruppe zuzurechnen.

Zusätzliche Delikte

Sind Sie neben Trunkenheit im Verkehr auch noch wegen Unfallflucht verurteilt, so wird der Psychologe nur zu sehr geneigt sein, auch dieses Vergehen als verdeckte Trunkenheitstat anzusehen. Die Statistik gibt ihm Recht, bei der Mehrzahl aller später aufgeklärten Unfallfluchten stellt sich Alkoholkonsum als Grund für das Verschwinden des Unfallbeteiligten heraus. Kommt bei Ihnen noch Fahren ohne Fahrerlaubnis unter Alkoholeinfluss dazu, so wird der Psychologe kaum noch davon abzubringen sein, Sie für einen Alkoholiker zu halten, dem sämtliche Sicherungen durchgebrannt sind.

Rückfall trotz eines Nachschulungskurses

Hatten Sie schon einmal einen Nachschulungskurs für alkoholauffällige Kraftfahrer besucht, sind nach diesem Kursbesuch jetzt aber wieder rückfällig geworden, dann haben Sie bei Ihrer MPU nach dem Rückfall – man muss es sagen – sehr schlechte Erfolgsaussichten.

Wenn Sie dem Psychologen nicht sehr gute Argumente liefern (zum Beispiel eine zwischenzeitlich erfolgreich beendete Alkoholtherapie mit mindestens einjähriger Abstinenz danach), dann sieht es für Sie zunächst einmal recht düster aus. Schließlich sind Sie selbst durch eine Schulung, die erwiesenermaßen den meisten Teilnehmern hilft, nicht ausreichend zu beeinflussen gewesen.

Stellen Sie sich also darauf ein, dass die MPU nach dem

letzten Delikt erfolglos bleibt, wenn Sie nicht große, also radikale Anstrengungen unternehmen, um jetzt endgültig auf die sichere Seite zu kommen. Denn eine Fahrt unter Alkoholeinfluss nach einem Nachschulungskurs ist – nicht nur in den Augen eines MPU-Gutachters – die »Todsünde« schlechthin.

Halten wir fest:
- *Die Informationen aus den Akten über Sie sind für den Psychologen sehr aufschlussreich. Er kann daraus weitreichende Schlüsse ziehen; stellen Sie sich darauf ein.*
- *Streiten Sie keine Sachverhalte ab, von denen der Psychologe weiß, dass sie bei Ihnen konkret vorliegen.*

Natürlich ist auch eine solche Vorgeschichte nicht hoffnungslos. Änderungen sind immer möglich, und wenn die Änderungen massiv und tiefgreifend sind (Erkennen der eigenen Alkoholproblematik, Teilnahme an intensiven verkehrspsychologischen Maßnahmen, Alkoholtherapie), dann ist auch in diesem Fall eine Führerschein-Neuerteilung nicht nur möglich, sondern sogar wahrscheinlich.

8 Die Fragen des Psychologen

Neben Fragen allgemeiner Art – der Psychologe will ja ein bisschen von Ihrem persönlichen Hintergrund kennenlernen –
werden Sie mit hoher Wahrscheinlichkeit in einem psychologischen Untersuchungsgespräch im Rahmen der MPU sinngemäß zumindest mit den folgenden Fragen rechnen müssen.

Fragen zum Delikt (zu den Delikten)
- Wie ist Ihr Alkoholdelikt damals verlaufen?
- Wie kam es, dass Sie damals so viel Alkohol tranken?
- Was war der Grund, warum Sie noch mit dem Auto (oder
  Motorrad oder ...) fuhren?
- In welchem Zustand (in Bezug auf Alkohol) waren Sie, als
  Sie losfuhren? Haben Sie nichts gemerkt? Waren Sie »stock-
  besoffen«, oder lagen Sie irgendwo dazwischen?
- Wie lange war Ihr Heimweg, wie weit wollten Sie fahren?
- Wie weit sind Sie tatsächlich gefahren, ehe Sie von der Poli-
  zei aufgehalten wurden oder bevor der Unfall passierte?

Fragen zu Ihrer »Trinkgeschichte«
- Wann haben Sie zum ersten Mal Alkohol getrunken?
- Gab es in Ihrem Leben »Spitzenzeiten« in Bezug auf Alko-
  hol?
- Gibt es einen Zusammenhang zwischen diesen Zeiten erhöh-
  ten Alkoholkonsums und bestimmten Ereignissen in Ihrem
  Leben?
- Wie war Ihr Trinkverhalten vor allem in der Zeit vor dem
  (letzten) Trunkenheitsdelikt?

Fragen nach Änderungen gegenüber früher

- Wie ist Ihr Trinkverhalten heute?
- Falls sich etwas geändert hat: Wie lange besteht das neue Trinkverhalten bereits?
- Gab es Probleme bei der Umstellung?
- Welche Probleme gab es, wie wurden sie überwunden und wann?

Fragen zur selbstkritischen Betrachtung

- Sehen Sie einen Zusammenhang zwischen erhöhtem Alkoholkonsum und bestimmten Lebensabschnitten?
- Wie sehen Sie selbst Ihr früheres/jetziges Verhältnis zum Alkohol?

Einige dieser Fragen kommen Ihnen wahrscheinlich bekannt vor. Sie standen auch schon in unserer Liste der Fragen aus den psychologischen Fragebögen.

Selbstverständlich ist diese Aufzählung weder vollständig, noch können Sie damit rechnen, dass die genannten Themen auch tatsächlich zur Sprache kommen. Jeder Gutachter hat seine Lieblingsfragen, die er fast immer stellt, und andere, die er meistens ignoriert.

Darüber hinaus haben wir schon gesehen, dass es bei dieser Art von Gespräch ganz erheblich auf Sie ankommt. Es wird Sie deshalb kaum verwundern, jetzt zu erfahren, dass Ihnen niemand zuverlässig sagen kann, dieses oder jenes Thema käme zwingenderweise auf Sie zu, andere Aspekte dagegen würden überhaupt nicht beleuchtet. Selbst »Standardthemen«, deren Behandlung man unbedingt vermuten würde (die auch tatsächlich fast immer angesprochen werden, zum Beispiel die Frage nach dem Delikt), werden in manchen Fällen nicht berücksichtigt. Fragen nach dem Delikt sind zum Beispiel bei einem Klienten ziemlich sinnlos, der sich rückhaltlos – wirklich rückhaltlos – zu seiner Alkoholproblematik bekennt.

Ein schematisches Antworten-Lernen wird Ihnen also nicht allzu viel nützen. Sehr viel besser ist es, eine große, allgemeine Linie zu verfolgen, aus der sich die jeweiligen Antworten ganz zwanglos von selbst ergeben.

Die Bedeutung dieser Fragen und der Antworten

Eine der Hauptbeschäftigungen eines MPU-Psychologen besteht darin, dem vor ihm sitzenden Klienten das Eingeständnis zu entlocken, dass er früher, also zumindest zur Zeit seines Trunkenheitsdelikts, in erhöhtem Maß Alkohol konsumiert hat. Die meisten sperren sich ganz erheblich dagegen, manche leugnen sogar ganz strikt, vor und/oder nach einer Trunkenheitsfahrt Alkohol getrunken zu haben; viele steuern einen gemäßigteren Kurs, gelegentlich ein Glas Bier gestehen sie ein, aber mehr waren es – außer an dem einen Tag – nie. Einige geben auch, trotz der gemessenen 2,6 Promille, für die Stunden vor der Fahrt nur zwei oder drei, vielleicht vier Glas Bier an. Diese und ähnliche Widersprüche erklären diese Klienten dann gerne damit,

- dass man ihnen Schnaps ins Bier geschüttet haben müsse;
- dass sie an dem Tag Tabletten genommen hätten, und deswegen sei der Promillewert trotz geringen Alkoholkonsums so hoch gewesen;
- dass sie wenig gegessen hätten, und deswegen sei der Promillewert trotz… (wir hatten das schon);
- dass sie einfach von Natur aus viel Alkohol vertrügen;
- dass sie deswegen noch hätten fahren können, weil sie Autofahren noch im Schlaf beherrschten.

Wir wissen inzwischen, dass diese Darstellungen Unfug sind, der Psychologe weiß es auch.

- Die »Schnapstheorie« funktioniert nur dann, wenn man eine so ungeheure Schnapsmenge annähme, dass noch ein extrem Betrunkener sie rausgeschmeckt hätte.
- Tabletten können zwar die Wirkung von Alkohol erheblich verstärken, der Promillewert verändert sich dadurch jedoch nicht. Nur eine bestimmte Menge Alkohol kann einen bestimmten Promillewert verursachen, sonst nichts. Kommen Tabletten dazu, dann wird eben das eine Promille zur kleinen oder großen Katastrophe.
- Viel oder wenig essen hat einen relativ geringen Einfluss auf die Höhe der Blutalkoholkonzentration.
- Gewisse Unterschiede bei der Alkoholverträglichkeit sind angeboren. So haben zum Beispiel sehr viele Asiaten eine deutlich geringere Alkoholverträglichkeit als die meisten Europäer. Ähnlich gibt es auch unter den Europäern gewisse Unterschiede. Diese angeborene erhöhte Alkoholverträglichkeit ist allerdings immer noch sehr gering. Eine Steigerung der Verträglichkeit über ein halbes Promille hinaus ist nur durch Übung zu erreichen. Und »Naturtalente« für zwei Promille gibt es schon überhaupt nicht.
- Wer keinen Alkohol gewöhnt ist, der kann mit zwei Promille auch dann kein Auto mehr steuern, wenn er hauptberuflich Testfahrer oder Rallye-Weltmeister ist.

Der Psychologe muss sich das alles anhören. Er möchte aber gern mit dem Klienten ein vernünftiges Gespräch über seine wahre – und das heißt immer: problematische – Beziehung zum Alkohol führen. Dazu gehört, dass die Fakten offen auf dem Tisch liegen.

Indem der Psychologe sich manchmal recht ausführlich mit dem Ablauf des Delikts und dessen Rahmenbedingungen beschäftigt, versucht er, die verharmlosende Darstellung des Klienten zu widerlegen. Wem zu widerlegen? Zunächst dem Klienten, damit dieser doch noch zu einem fruchtbaren Gespräch findet. Klappt das nicht, so dienen die auf diese Weise gewonnenen Informationen dem Psychologen dazu, ein negatives Gutachten zu begründen.

So zielen seine Fragen also auf die für das Gespräch entscheidenden Informationen ab: Warum haben Sie damals so viel getrunken?

- War es ein Jahrhundertfest, eine tiefe Lebenskrise – eine Ausnahme also?
- Oder war es der ganz normale Freitagabend-Stammtisch, die übliche »Disco-Sause«?

War die Trunkenheitsfahrt ein dummer Zufall?
- Hat sich der Zwang zum Fahren erst nach zu viel genossenem Alkohol ergeben?
- Oder war von Anfang an klar, dass am Ende des »feuchten« Abends die Heimfahrt stehen wird?
- Wie lang wäre Ihr Heimweg gewesen?
- Welches Risiko gingen Sie also bei der Abfahrt ein?
- Wie weit sind Sie unfallfrei gekommen?
- Hat es nach wenigen Metern schon gekracht?
- Oder sind Sie von Hamburg-Altona nach Bremerhaven gekommen und dort erst wegen kaputter Rücklichter aufgefallen?
- Wie fühlten Sie sich?
- Hatten Sie mit Ihren 2,4 Promille einen Vollrausch?
- Oder haben Sie »kaum etwas gemerkt«?

Einen Klienten, der von Anfang an die Karten auf den Tisch legt, der offen und freimütig von seiner früheren Alkoholproblematik berichtet, wird der Psychologe (der erfahrene Psychologe, sollte man vielleicht einschränken) nicht allzu sehr mit Fragen nach dem Delikt belästigen. Nach Ihrer »Trinkgeschichte« fragt Sie der Psychologe zum einen deswegen, weil er abschätzen will,

- welche Rolle der Alkohol in Ihrem Leben bisher gespielt hat,
- ob erhöhter oder auffallend niedriger Alkoholkonsum von bestimmten Lebensabschnitten oder -phasen abhing,
- ob diese Phasen sich wiederholen oder nicht.

Zum anderen interessiert ihn auch, inwieweit Sie in der Lage sind, auch die unangenehmen Seiten Ihrer Vergangenheit selbstkritisch und rückhaltlos zu schildern. Genau deshalb unternimmt der Psychologe seine manchmal verzweifelten Versuche, den Klienten doch noch zu einer selbstkritischen Stellungnahme anzuregen.

Ihr aktuelles Trinkverhalten ist für den Psychologen logischerweise sehr wichtig. Was Ihre Probleme bei der Umstellung von viel auf wenig (oder gar keinen) Alkohol betrifft, so möchte es der Psychologe hier schon etwas ausführlicher haben. Denn eines ist klar: Wenn Sie früher ziemlich viel getrunken haben, dann kann es für Sie nicht so ganz einfach gewesen sein, damit aufzuhören oder den Konsum deutlich einzuschränken. Jede Änderung von Gewohnheiten hat ihre Tücken, das hat nicht unbedingt etwas mit Alkoholentzugserscheinungen zu tun.

9 Das Anliegen des Psychologen

Nachdem Sie jetzt so viel von dem gehört haben, was man alles in der MPU nicht sagen oder tun sollte, drängt sich die Frage auf: Wofür interessiert sich der Psychologe letztlich? Was verlangen die Leute von ihm, die seine Tätigkeit anscheinend für so wichtig halten?

Erinnern Sie sich noch an den Vergleich zwischen Gerichtsverhandlung und MPU-Verfahren, den wir weiter vorne angestellt haben? Daraus ergaben sich zwei wesentliche Unterschiede:

- Vor Gericht gelten Sie bis zum Beweis des Gegenteils als unschuldig, im Verwaltungsverfahren dagegen als ungeeignet.
- In der Gerichtsverhandlung trägt der Staatsanwalt die volle Beweislast, im Verwaltungsverfahren liegt sie dagegen bei Ihnen.

Es gibt noch einen weiteren wichtigen Unterschied: Das Gericht interessiert sich in erster Linie für Ihre Vergangenheit, für das, was Sie (vielleicht) getan haben. Gegenwart und Zukunft sind allenfalls in der Weise interessant, dass Ihre jetzige Situation, Ihre künftigen Entwicklungschancen Einfluss auf das Strafmaß haben können (Freiheitsstrafe auf Bewährung bei günstiger Sozialprognose). Der MPU-Gutachter dagegen ist aufgefordert, eine Aussage über die Zukunft zu machen. Er soll die Wahrscheinlichkeit abschätzen, mit der Sie auch in Zukunft unter Alkoholeinfluss am Straßenverkehr teilnehmen werden. Die Betrachtung von Vergangenheit und Gegenwart ist ihm dabei nur ein Hilfsmittel.

Seine Aufgabe ist es nicht, Ihnen wegen Ihrer Vergangenheit, also konkret wegen Ihrer Trunkenheitsfahrt(en), Vorhaltungen moralischer Art zu machen. Tut er es dennoch, ist er ein schlechter – oder noch unerfahrener – MPU-Gutachter. Vorhaltungen sind in diesem Fall ja sinnlos: Was geschehen ist, das ist geschehen, niemand kann es mehr rückgängig machen. Die vom Gesetz dafür vorgesehene Strafe wurde lange Zeit vor der MPU bereits verhängt. Ginge man in erster Linie nach der Vergangenheit, dann müssten *alle* MPU-Gutachten negativ ausfallen, denn *jeder*, der zu einer MPU muss, hat eine belastete Vergangenheit. Der ausschließliche Blick auf die Vergangenheit ließe keinen Spielraum mehr für Unterscheidungen. Die ganze MPU wäre sinnlos. So gesehen, also juristisch oder moralisch, ist die Vergangenheit für Sie (und damit auch für den MPU-Gutachter) vorbei und spielt in der aktuellen Untersuchung keine Rolle.

Die Auseinandersetzung mit der Vergangenheit

Wenn der Psychologe Sie dennoch bezüglich Ihrer Vergangenheit in ein hartes Verhör nimmt, so deswegen, um mit Ihnen zusammen möglichst klar herauszuarbeiten, was damals schiefgelaufen ist, so dass es zur Trunkenheitsfahrt kam. Nur wenn Sie so schonungslos wie möglich die tieferen Ursachen Ihrer Trunkenheitsfahrt erkennen, haben Sie eine reelle Chance, für die Zukunft eine solche Erfahrung auszuschließen. Denn psychologisch gesehen ist Ihre Vergangenheit immer noch sehr lebendig, psychologisch gesehen stirbt die Vergangenheit niemals, sie verblasst allenfalls im Lauf langer Zeit ganz allmählich.

Der Volksmund kennt den Spruch: »Selbsterkenntnis ist der erste Weg zur Besserung«, die Psychoanalyse formuliert es so:

» Wer seine Vergangenheit nicht kennt, ist dazu verurteilt, sie zu wiederholen. «

Wer mit Alkohol am Steuer erwischt worden ist und sich nun rechtschaffen deswegen geniert, der neigt oft dazu, in dieser einen polizeilich entdeckten und gerichtlich verfolgten Trunkenheitsfahrt die Folge einer Kette von unglücklichen Zufällen zu sehen.

- Hätte damals Hein Petersen, der »Schnapskopf«, nicht im »Krug« gesessen, hätte ich nicht so viele Bier und Korn getrunken.
- Wäre damals meine Frau nicht krank gewesen, hätte sie mich abholen können.
- Hätte es damals nicht so fürchterlich gegossen, wäre ich die zwei Kilometer auch zu Fuß gegangen.

Und schließlich:
- Hätte das rechte Rücklicht gebrannt, so hätte die Polizei mich nicht angehalten.

Woraus folgt:
- Wäre nur eine von diesen vier Bedingungen anders gewesen, dann hätte ich heute meinen Führerschein noch und wäre nicht zu einer MPU vorgeladen.

Aber beantworten Sie sich die folgenden Fragen einmal ehrlich:
- Wie oft waren Sie schon am Samstagabend in »feucht-fröhlicher Stimmung«?
- Wie oft sind Sie vor dem Führerscheinentzug schon »mit dichter Ladung« vom »Krug« weggefahren? (Und es saß nicht ausgerechnet Petersen, der »Schnapskopf«, dort.)

- Wie oft haben Sie Ihre Frau nicht angerufen, obwohl es nötig gewesen wäre? (Und sie war nicht krank.)
- Wie oft schon sind Sie die zwei Kilometer nicht zu Fuß nach Hause gegangen, obwohl es nicht geregnet hat?
- Die wievielte Trunkenheitsfahrt war das wirklich, als man Sie erwischt hat?

Dass man Sie an genau diesem Tag unter genau diesen Umständen ertappt hat, war bestimmt ein dummer, unglücklicher Zufall; eine kleine Änderung im Ablauf dieses Tages, und Ihr Führerschein wäre Ihnen nicht genommen worden. Aber wenn Sie

> *Hinter dem Trinken steckt System – ebenso wie hinter dem betrunkenen Fahren. Ein Zwei-Promille-Fahrer kann unmöglich an diesem einen und einzigen Tag seines Lebens ganz ausnahmsweise so viel getrunken haben. Seine Hochleistung (Auto fahren mit zwei Promille ist eine Hochleistung) setzt vielmehr intensives, länger andauerndes »Training« voraus.*

vorhin ehrlich waren, werden Sie sehr wahrscheinlich entdeckt haben, dass Ihr Führerschein schon lange in Gefahr war, dass Ihr Führerscheinentzug längst »fällig« war.

Denken Sie daran, was wir in einem früheren Kapitel gesagt haben: Auf eine gerichtlich bestrafte Trunkenheitsfahrt kommen verdammt viele unentdeckte.

Die Trunkenheitsfahrt – eine Sache mit System

Ihr Führerscheinentzug hat seine letzte Ursache nicht in diesem einen und einzigen Tag Ihres Lebens, sondern in Ihrer Art zu leben, zu trinken, mit Schwips und Rausch umzugehen. Auch bei Ihnen war diese entdeckte Trunkenheitsfahrt nicht nur ein dummer Zufall, sondern das Ergebnis einer langen Kette von falschen, falsch gelernten Verhaltensweisen.

Die Tatsache, dass die wahre Ursache tiefer liegt, ist auch der Grund, warum Ihr guter Wille allein auf Dauer nicht ausreichen kann, eine neuerliche Trunkenheitsfahrt zu vermeiden.

Und genau deswegen interessiert sich der Psychologe so für Ihre Vergangenheit, obwohl ihm eigentlich nur an der Zukunft liegt. Genau das ist auch der Grund, warum man die »dicken Fische«, also die Zwei-Promille-Fahrer, überhaupt zur MPU schickt und warum die 1,1-Promille-Sünder verschont bleiben.

Erinnern Sie sich noch an die Bemerkung des Verkehrspsychologen? »Wer mit 0,8 Promille Auto fährt, ist ein trinkender Fahrer, wer sich ab 1,6 Promille noch hinters Steuer setzen kann, muss dagegen ein fahrender Trinker sein.« Diese Bemerkung ist so hart, wie sie wahr ist.

Der Psychologe sucht nach Verhaltensänderungen

Dass Sie früher, zum Zeitpunkt Ihrer Trunkenheitsfahrt und geraume Zeit davor, mit Alkohol unkontrolliert umgegangen sind, weiß der Psychologe also. Er kann es auf die beschriebene Art und Weise aus den Vorinformationen über Sie schließen. Das ist vielleicht nicht angenehm für Sie. (Es ist für niemanden angenehm, wenn er durchschaut wird.)

Dass Sie früher mit Alkohol Ihre Schwierigkeiten hatten, regt den MPU-Psychologen andererseits aber auch nicht sonderlich auf, er setzt es als selbstverständlich voraus. Ansonsten wären Sie nämlich gar nicht zu einer MPU erschienen. Das ist für Sie wiederum angenehm, es eröffnet Ihnen Chancen (und die Gesprächssituation ist bei weitem nicht mehr so peinlich für Sie).

Würde Ihr früherer unkontrollierter Alkoholkonsum negativ zu Buche schlagen, dann würde jeder MPU-Kandidat durchfallen, dürfte kein Zwei-Promille-Fahrer jemals wieder den Füh-

---

Ihre Alkoholvergangenheit ist dem Psychologen im Großen und Ganzen bekannt. Der Psychologe hält Ihnen diese Vergangenheit nicht vor. Er sucht vielmehr nach – möglichst weitgehenden – Veränderungen zwischen gestern und heute. Das positive Heute soll sich vom negativen Gestern möglichst »strahlend« und kontrastreich abheben. Dieser Kontrast ist dementsprechend schwächer und weniger eindrucksvoll, wenn Sie Ihre Vergangenheit allzu rosig und in gar zu hellem Licht darstellen.

---

rerschein erhalten. Eine MPU wäre dann unsinnig, weil sich ein Klient, der ein positives Gutachten nach Hause trägt, *in Bezug auf seine Vergangenheit* nicht von einem Klienten unterscheidet, der ein negatives Gutachten bekommt.

Wodurch also – die Frage drängt sich auf – unterscheidet sich der »gute Klient« (mit positivem Gutachten) vom »schlechten Klienten«, der außen vor bleibt?

Wenn es die Vergangenheit nicht ist, kann es eigentlich nur die Gegenwart und – daraus folgend – die wahrscheinliche Zukunft sein. Der Psychologe bei der MPU betreibt nämlich eine sogenannte Veränderungsdiagnostik. Er soll herausfinden, ob sich beim Klienten im Umgang mit Alkohol seit der (letzten) Trunkenheitsfahrt etwas verändert hat, und wenn ja, in welche Richtung diese Veränderung ging, wie tiefgreifend sie ist und wie lange diese Veränderung schon besteht. Aus der Summe dieser Informationen über Vergangenheit und Gegenwart kann der Psychologe dann Schlüsse auf die wahrscheinliche Entwicklung in der Zukunft ziehen.

Solange sich in Bezug auf Alkohol im Speziellen und in Bezug auf die Lebensführung im Allgemeinen nichts geändert hat, bleibt die Gefahr neuerlichen Alkoholmissbrauchs bestehen. Und solange weiterhin »Alkohol in missbräuchlicher Weise konsumiert« wird, kann es auf längere Sicht nicht funktionieren, Trinken und Fahren säuberlich zu trennen.

10 Untaugliche Verteidigungsstrategien

Die »Ausrutscher«-Theorie

Die Ausrutscher-Theorie lautet sinngemäß: *Ich bin norma-lerweise ein sehr mäßiger Alkoholtrinker. Die Trinkmenge vor meiner Trunkenheitsfahrt war eine absolute Ausnahme, ein Ausrutscher.*

Nach allem, was wir bisher über Alkohol, Alkoholwir-kungen und vor allem über Alkoholgewöhnung gehört haben, ist eine solche Aussage aus dem Munde eines Zwei-Promille-Fahrers Unfug. Jeder, der sich (theoretisch) ein bisschen inten-

---

Versuchen Sie gar nicht erst, mit der zu Unrecht sehr belieb-ten Ausrutscher-Theorie beim Psychologen einen »guten Ein-druck« zu machen. Sie kommen damit nicht durch! Der Ein-druck, den Sie damit beim Psychologen hinterlassen, ist denkbar schlecht.

---

siver mit Alkohol befasst hat, kann eine solche Aussage nicht glauben. Der Aussage steht sein gesamtes Fachwissen entge-gen, außerdem die Erfahrung mehrerer systematisch beobach-tender Forscher- und Praktikergenerationen.

Die »Hab nichts getrunken«-Theorie

Vor meiner Trunkenheitsfahrt habe ich wirklich nicht sonder-lich viel getrunken. Den hohen BAK-Wert kann ich mir nicht erklären.

Alles, was wir im vorigen Kapitel gehört haben, gilt genauso für diese Variante der Legendenbildung. Vielleicht sogar noch verschärft, denn den BAK-Wert am Tag Ihrer aktenkundigen Trunkenheitsfahrt hat der Psychologe schwarz auf weiß vor

---

Wenn Sie den an einem bestimmten Tag objektiv nachgewiesenen Alkoholkonsum ableugnen, kann Ihnen keiner mehr helfen.

---

sich liegen, da gibt es nichts zu interpretieren und zu deuteln, die Sache ist klar. 2,35 Promille (zum Beispiel) benötigen nun mal eine erhebliche Menge Alkohol.

Die »Änderung nicht nötig«-Theorie

Diese Theorie schließt sich oft unmittelbar an die »Ausrutscher«-Theorie an: *Auch früher habe ich nicht viel getrunken, die Trunkenheitsfahrt war ein bedauerlicher, unerklärlicher Ausrutscher. Jetzt trinke ich genauso wenig wie früher. Da alles nur ein Ausrutscher war, ist eine grundlegende Verhaltensänderung in Hinsicht auf Alkohol bei mir nicht nötig.*

Diese Aussage ist zwar logisch richtig: Wenn die Voraussetzungen stimmen würden, dann wären die Schlüsse korrekt abgeleitet. Die Voraussetzungen stimmen aber nicht, wir wissen das inzwischen. Faktisch ist der Satz also falsch.

Die »Radikale Änderung«-Theorie

Früher habe ich schon ein bisschen viel getrunken, seit dem Führerscheinentzug trinke ich aber gar nichts mehr. Mir reicht's. Kein Tropfen Alkohol kommt mir jemals mehr über meine Lippen.

Ein alkoholabstinentes Leben – das wäre mal eine Aussage, gegen die es wirklich nichts zu sagen gibt. Oder? Es gibt tatsächlich nichts dagegen zu sagen. Allerdings provozieren Sie durch eine solche Aussage einige Fragen durch den Psychologen. Fragen, deren Beantwortung Ihnen schwer fallen wird, wenn Ihre Abstinenz nicht mehr ist als Gerede oder eine kurzfristige Änderung.

Warum, so wird der Psychologe zum Beispiel fragen, leben Sie jetzt völlig abstinent, wo doch Alkohol an sich noch nie ein Problem für Sie war? (Beim letzten Teil der Frage wird er sich

> *Bei jedem Zwei-Promille-Fahrer ist eine Änderung bitter nötig. Alles andere ist gefährlicher Selbstbetrug.*

möglicherweise ein süffisantes Lächeln nicht verkneifen können.) Warum wollen Sie sich bis in alle Zukunft nicht mal mehr ein kleines, unschuldiges Bier, ein Gläschen Wein, einen Verdauungsschnaps gönnen? Dass Ihnen Bier/Wein/Schnaps schmeckt, weiß man ja von der Trunkenheitsfahrt her. Warum also wollen Sie künftig leben wie ein trockener Alkoholiker?

Unser Rat: Setzen Sie sich solchen Fragen nicht aus. Der Psychologe treibt Sie in die Enge bzw. Sie sich selbst. Der feste Entschluss zur Abstinenz einerseits und die Behauptung, noch nie im Leben sonderlich viel getrunken zu haben, andererseits, passen nicht zusammen.

Nichts gegen Abstinenz, absolut nichts – damit wir uns recht verstehen. Ganz im Gegenteil. Aber eine Abstinenz, die Rückschlüsse auf Ihre Zukunft zulässt, die mehr sein soll als bloß ein Bückling vor der MPU, will überlegt sein. Da muss ein Plan dahinterstecken.

Die »Alles klar, kein Problem«-Theorie

Das Aufhören, der plötzliche Verzicht auf jeglichen Alkohol ist mir ganz leicht gefallen. Ich hatte keinerlei Probleme damit – wie sie etwa ein Alkoholiker haben müsste.

Eine solche Behauptung aufzustellen und dann hartnäckig zu vertreten ist natürlich sehr verführerisch. Denn – bitte schön! –

> *Entweder ich nehme die Abstinenz als eine Art Übung, eine dicke Trennungslinie zwischen übermäßigem und »zivilem« Alkoholkonsum, oder ich will abstinent bleiben für alle Zeit, weil ich für alle Zeit abstinent bleiben muss. Weil ich – ja, weil ich Alkoholiker bin und mit Alkohol schließlich und endlich nicht umgehen kann.*

welchem Verdacht setze ich mich aus, wenn ich von erheblichen Schwierigkeiten beim Aufhören erzähle? Wird man mich dann nicht für einen Alkoholiker halten?

Einer solchen Überlegung liegt ein Missverständnis zu Grunde: »Schwierigkeiten beim Abgewöhnen« meint nicht dasselbe wie »Entzugserscheinungen«, also Zittern, Schweißausbrüche, Schlaflosigkeit, schlechte Laune. Das Aufhören mit dem maßlosen Trinken wird mir auch dann nicht leicht fallen, wenn ich (noch) nicht körperlich abhängig bin. Denn Gewohnheiten, schlechte Gewohnheiten sind hartnäckig. Wenn Sie sich über Jahre hinweg eingeschliffene Gewohnheiten, zum Beispiel das späte Aufstehen als Student, plötzlich wegen Ihrer Berufstätigkeit abgewöhnen (müssen), dann wird Ihnen das nicht von heute auf morgen so ganz ohne Probleme gelingen.

Es wird natürlich schon gehen, weil es einfach gehen muss. Und genau davon geht der Psychologe auch aus. Wenn Sie früher ziemlich tief ins Glas geschaut haben, jetzt aber die Sache im Griff haben, dann ist auf dem Weg zwischen damals und heute einiges an Kampf passiert; dann *muss* einfach einiges passiert sein.

So eine tiefgehende Änderung kann man nicht so locker aus dem Ärmel schütteln, man muss dafür arbeiten, an sich und an seiner Trägheit. Und wer das getan hat, der kann darüber auch etwas erzählen, etwas Konkretes, Handfestes.

Wer früher buchstäblich »gesoffen« hat, jetzt aber ein einziges Glas Bier zum Essen trinkt oder sich ganz zur Abstinenz durchgerungen hat, der wird nicht sagen:

- Seit acht oder neun (oder auch zehn) Monaten trinke ich nichts mehr.
- Ich habe von heute auf morgen aufgehört, einfach so, weil ich es wollte.
- Das Aufhören ging ganz leicht.

Nein, so wird er nicht sprechen. Wer einen solchen Erfolg über die eigene Trägheit geschafft hat, der kann eine Menge erzählen, der *will* auch eine Menge erzählen, weil er nämlich stolz auf sich und seine Leistung ist. »Die Wahrheit«, sagt ein großer deutscher Dichter, »ist konkret.« Und sie ist bunt und lebendig und voller Details. Wer wirklich mit dem Alkoholmissbrauch Schluss gemacht hat, weil er sich Gedanken gemacht hat, der

- weiß genau, wann er aufgehört hat (nicht das Datum vielleicht, aber die Umstände);

- weiß auch, warum er aufgehört hat;
- kann von Versuchungen und Anfechtungen erzählen, vielleicht auch von Rückschlägen.

Das Vertuschen

Ist der Psychologe, werden Sie vielleicht fragen, nicht ein bisschen kleinlich, wenn er die durchaus menschliche Tendenz, um einen »guten Eindruck« bemüht zu sein, so hart straft – nämlich durch ein negatives Gutachten? Warum ist der Psychologe

> *Je bunter, lebendiger und konkreter Ihre Schilderung ist, desto glaubhafter kommt sie beim Psychologen an.*

eigentlich so erpicht darauf, dass Sie ihm die volle Wahrheit über Ihre Vorgeschichte erzählen? Kann er sich das denn nicht denken, dass Ihnen so etwas peinlich ist, dass Sie darüber vielleicht nicht reden wollen?

Sie haben Recht mit Ihrem Einwand. Es ist nicht einfach, einem wildfremden Menschen von eigenen Fehlern und Problemen zu erzählen. Lieber möchten wir uns alle so gut wie nur eben möglich darstellen. Der erfahrene MPU-Psychologe ist Ihnen auch nicht böse, weil Sie *ihn* anlügen. MPU-Psychologen sind abgebrüht, sie werden tagtäglich mit einer Unmenge von Halbwahrheiten überschüttet, sie nehmen diese Schummelei längst nicht mehr persönlich.

Um die moralische Seite von Wahrheit und Lüge geht es aber auch gar nicht, sie ist für den Psychologen uninteressant. So wie Sie vor Gericht als Angeklagter das selbstverständliche Recht haben, zu Ihren Gunsten die Unwahrheit zu sagen (ein

Privileg, das kein anderer Prozessbeteiligter hat), so dürfen Sie auch in der MPU den Psychologen anlügen. Solange ein verständiger, erfahrener MPU-Psychologe den Eindruck hat, Sie selbst kennen die Wahrheit ganz genau, Sie lügen ihn lediglich an, wird ihn das nicht sonderlich aufregen.

Dennoch bleibt es ein Minuspunkt für Sie, Sie tun sich nichts Gutes damit. Ein Minuspunkt deswegen, weil der Psychologe mit Ihnen nur sehr eingeschränkt ein vernünftiges Gespräch führen kann, solange Sie sich hinter bloßen Redensarten verstecken.

Sehr viel schlechter hingegen sieht es für Sie aus, wenn der Psychologe aus Ihren Äußerungen den Eindruck gewinnt, Sie glaubten das, was Sie da erzählen, auch noch selber. Sie wären also wirklich der Meinung, der Alkohol habe in Ihrem Leben, abgesehen von dem einen und einzigen Tag, keine nennenswerte Rolle gespielt. Dann müsste der Psychologe nämlich davon ausgehen, dass Sie *sich selbst* anlügen, dass Sie sich etwas vormachen über das wahre Ausmaß Ihrer Alkoholproblematik.

Eine solche Tendenz zum Verdrängen, zum Leugnen früherer hoher Trinkmengen, zum Verharmlosen, Beschönigen und Herunterspielen ist typisch für Menschen mit einem Alkoholproblem. Und zwar für ein aktuelles, derzeit noch nicht überwundenes Alkoholproblem. Wer noch an der Flasche hängt, will nicht sehen, dass er an der Flasche hängt, solange er sich für zu schwach hält, eine energische Umkehr einzuleiten.

Denn würde er sich eingestehen, was wirklich los ist mit ihm, müsste er ja handeln. Zum Handeln fühlt er sich aber nicht stark genug. Also versteckt er sich hinter bequemem Selbstbetrug.

Wer hingegen in puncto Alkohol mit sich im Reinen ist, wer

die Kraft zur tiefgehenden und dauerhaften Änderung in sich spürt, der wird sich der eigenen Vergangenheit stellen und sich eingestehen können, was bislang falsch gelaufen ist, der wird ganz genau wissen, was jetzt anders werden soll – oder schon anders geworden ist. So einfach das dem Außenstehenden erscheint, so extrem schwierig ist das für den Betroffenen.

Jetzt verstehen Sie auch, warum der MPU-Psychologe so furchtbar auf der »Wahrheit« beharrt: Es ist für ihn ein wichtiges diagnostisches Kriterium. Je problembewusster Sie sind, desto besser sind Ihre Chancen für eine dauerhafte Problemlösung.

11 Das Wichtigste in Kürze

- Durch verkehrspsychologische Beratung und Schulung möglichst frühzeitig vor der MPU können die Chancen auf ein positives Gutachten und den späteren Erhalt des Führerscheins erheblich steigen. Seien Sie vorsichtig bei der Wahl des Anbieters, und achten Sie auf Qualität und Seriosität.

- Jede noch so gute Vorbereitung auf die MPU kann Ihnen dann nicht helfen, wenn Sie die Voraussetzungen für ein positives Gutachten nicht einmal in Ansätzen erfüllen, wenn Sie also immer noch leere Phrasen dreschen.

- Die *Leistungstests* im Rahmen der Fahreignungsbegutachtung sind schwierig, die Anforderungen an Sie aber auch gering. Und wenn gar nichts mehr geht, bleibt immer noch der Fahrtest.

- Sie sollten vor der MPU wissen, dass Ihre *Leberwerte* in Ordnung sind. Lassen Sie also diese Werte bereits vom Hausarzt bestimmen.

- Ihre relevanten Leberwerte – Gamma-GT, GOT, GPT – sollten zum Zeitpunkt der Begutachtung alle innerhalb des medizinischen Normbereichs liegen. Ist dies nicht der Fall, so sollten Sie entweder eine harmlose Erklärung in Form eines ausführlichen und stichhaltig argumentierenden ärztlichen Attests haben oder (zu diesem Zeitpunkt) gar nicht erst zur MPU antreten.

- Es gilt aber auch: Erhöhte Leberwerte sind ein Hinweis auf Alkoholmissbrauch, während normale Leberwerte aktuellen Alkoholmissbrauch keineswegs ausschließen. Erhöhte Leberwerte belasten Sie in (fast) jedem Fall, normale Leberwerte entlasten Sie nicht unbedingt.

- Sie sollten sich vorher gut überlegen, was Sie zu welchem Thema bei der MPU sagen wollen. Prinzipiell sollten Sie bei der *Wahrheit* bleiben. Weichen Sie davon nur ab, wenn es unbedingt nötig ist. Ihre »Lügengeschichte« müssen Sie allerdings mindestens so gut kennen wie die Wahrheit.

- Der Psychologe geht sehr gut vorbereitet in das *Untersuchungsgespräch*. Er weiß sehr viel über Sie und Ihre Vorgeschichte. Rechnen Sie mit diesem Wissen, hoffen Sie nicht auf Schlamperei der Führerscheinstelle. Jede falsche und unvollständige Angabe wird sich gegen Sie richten, wenn sie als bewusstes Verschweigen oder Lüge erkannt wird.

- Es ist von Vorteil für Sie, Ihre *Deliktvorgeschichte* sehr gut und sicher im Kopf zu haben. Notieren Sie daher vor der MPU alle Einzelheiten. Denn Sie sollten die Details Ihrer Vorgeschichte mindestens so gut parat haben wie der Psychologe.

- Die *Informationen aus den Akten* über Sie sind für den Psychologen sehr aufschlussreich. Er kann daraus sehr weitreichende Schlüsse ziehen. Stellen Sie sich darauf ein. Streiten Sie keine Sachverhalte ab, von denen der Psychologe weiß, dass sie existieren. Hinter jeder Zwei-Promille-Fahrt steckt *Alkoholmissbrauch*, hinter jedem Alkoholmissbrauch steckt System. Ein Zwei-Promille-Fahrer kann unmöglich an diesem einen Tag seines Lebens ganz ausnahmsweise so viel getrunken haben. Eine Autofahrt mit zwei Promille setzt intensives »Training« voraus.

- Gehen Sie davon aus, dass der Psychologe genau weiß, dass Sie früher viel Alkohol getrunken haben. Leugnen Sie das nicht aus falscher Scham ab, verharmlosen Sie es auch nicht. Stehen Sie dazu. Alles andere ist für Sie der sicherste Weg zu einem negativen Gutachten. Denn Ihre *Alkoholvergangen-*

heit ist dem Psychologen im Großen und Ganzen bekannt. Er hält Ihnen diese Vergangenheit jedoch nicht vor, sondern sucht vielmehr nach – möglichst weitgehenden – *Veränderungen zwischen gestern und heute.* Das positive Heute soll sich vom negativen Gestern möglichst kontrastreich abheben. Dann sind Ihre Erfolgsaussichten recht gut.

- Haben Sie den Mut, von Ihren Bemühungen um Änderung zu erzählen. Schildern Sie diese Anstrengungen in allen Einzelheiten. Je lebendiger und konkreter Ihre Schilderung ist, desto glaubhafter kommt sie beim Psychologen an.

- Stellen Sie auch eventuelle Rückschläge und Versuchungen dar, denn auch die gehören zu einer echten Umkehr. Die Beschreibung von Rückschlägen und Versuchungen zeugt von *Problembewusstsein*, der Fähigkeit zur *Selbstbeobachtung*. Je problembewusster Sie sind, desto besser sind Ihre Chancen auf eine dauerhafte Problemlösung. Je besser Ihre Chancen auf eine dauerhafte Problemlösung sind, desto besser sind Ihre Chancen in der MPU.

12 Das Ende des Untersuchungsgesprächs

Wenn das Gespräch beim Psychologen sich dem Ende zuneigt, dann sollten Sie versuchen, etwas vom Ergebnis zu erfahren. Fragen Sie einfach, ob er jetzt schon etwas Konkretes sagen kann.

Ist Ihr Fall klar und ist Ihr Psychologe einer von der entscheidungsfreudigen Sorte, dann bekommen Sie jetzt sofort eine fast eindeutige Antwort. »Fast« deshalb, weil normalerweise der Psychologe zum Zeitpunkt des Untersuchungsgesprächs die letzten Leberwerte oder sonstige medizinische Befunde noch nicht vorliegen hat. Neigt der Psychologe also dazu, Ihnen ein positives Gutachten oder wenigstens ein Kursgutachten zu schreiben, dann kann er Ihnen das nur unter dem Vorbehalt einwandfreier medizinischer Befunde mitteilen. Erhöhte Leberwerte, die sich nicht anders als durch aktuellen Alkoholmissbrauch erklären lassen, können seine Entscheidung in den nächsten Tagen noch kippen.

Seien Sie nicht enttäuscht, wenn Sie zum Ende des Untersuchungsgesprächs noch keine brauchbare Antwort bekommen. Das mag daran liegen, dass sich der Psychologe vor einer Entscheidung drücken will, dass er Ihnen nicht direkt sagen will, dass es schlecht steht. Es kann aber auch heißen, und das heißt es oft, dass der Psychologe selber noch nicht genau weiß, wie er sich entscheiden wird. Es können ihm noch Informationen fehlen, oder er möchte vor einer Entscheidung vielleicht noch einmal seine Aufzeichnungen im Zusammenhang lesen.

Wenn er keine Antwort geben will, bitten Sie ihn wenigstens um eine »Trendmeldung«. Bleibt er immer noch undurchdringlich und will sich auf gar nichts festlegen, dann akzeptieren Sie das.

Die Gefahren des Winselns

Wenn der Psychologe einem Klienten mitteilt, dass das Gutachten aus diesen und jenen Gründen – heute – noch nicht positiv werden kann, dass er auf seinen Führerschein noch eine Weile wird warten müssen, dann gibt es Klienten, die eine solche Entscheidung mit Würde wegstecken und, wenn auch enttäuscht, akzeptieren. Trockene Alkoholiker zum Beispiel, die zu früh zur MPU erschienen sind, kommentieren dies manchmal mit den Worten: »Es ist für mich bitter, dass ich jetzt weiter auf den Führerschein warten muss, dass ich noch mal zu einer MPU erscheinen muss. Aber wirklich wichtig für mich ist die Tatsache, dass ich mit meinem Alkoholmissbrauch Schluss gemacht habe.«

Und dann gibt es als anderes Extrem die »Winsler«. Das sind Leute, die jetzt anfangen, den Psychologen zu bedrängen. »Geben Sie sich doch einen Ruck, und schreiben Sie ein positives Gutachten. Der Führerschein ist so wahnsinnig wichtig für mich. Ohne den Führerschein werde ich meine Arbeit verlieren. Meine Frau hat gesagt, sie würde mich verlassen, wenn ich jetzt nicht bald den Führerschein wieder bekäme.« Etc. pp. Es gibt sogar Klienten, die solcherart auf ein mögliches Kursgutachten reagieren: »Ach, Gott, jetzt noch mal so viel Geld, jetzt noch mal vier, fünf, sechs Wochen warten. Die Zwei-Jahres-Frist ist doch dann abgelaufen.«

Die Reaktion auf einen negativen Bescheid ist für den Psychologen – obwohl es zum Einholen von Informationen eigentlich schon zu spät ist – eine wichtige Information über den Stand des Klienten, was die Überwindung seines Alkoholprob-

lems betrifft. Ein inzwischen stabiler Mensch, der an sich ge-
arbeitet hat, wird sehr viel weniger zum Winseln neigen als
jemand, der eigentlich noch nichts oder noch nicht viel getan
hat.

III Nach der MPU

Nun haben Sie endlich die medizinisch-psychologische Untersuchung hinter sich. Vielleicht haben Sie das Ergebnis noch an Ort und Stelle erfahren, vielleicht müssen Sie jetzt erst einmal geraume Zeit darauf warten. Irgendwann aber wird der Bescheid kommen – und was dann?

1 Die Bedeutung des Gutachtens

Im vorderen Buchteil war davon die Rede, dass nach dem Gesetz zwar die Verwaltungsbehörde und niemand sonst über die Erteilung eines Führerscheins entscheidet, dass sich in der Praxis aber – bis auf wenige Ausnahmen – die amtliche Entscheidung eng an das Gutachten anlehnt. De facto ist also in den meisten Fällen doch der Gutachter die entscheidende Person.

Es ist eher unwahrscheinlich, aber es kann passieren, dass die Verwaltungsbehörde das von Ihnen vorgelegte Gutachten nicht akzeptiert und nach eigenem Ermessen aus folgenden Gründen anders entscheidet – in beide Richtungen:

- Sie sind bei der Behörde persönlich bekannt, dort weiß man, dass Sie, entgegen allen Ausführungen des negativen Gutachtens, ein zuverlässiger Mensch sind. Man wird es in diesem Fall riskieren, Ihnen trotzdem den Führerschein zu geben.
- Sie sind bei der Behörde persönlich bekannt, dort weiß man, dass Sie, entgegen allen Ausführungen des Gutachtens, ein »notorischer Trinker« waren und immer noch sind. Man wird Ihnen den Führerschein trotz eines positiven Gutachtens nicht geben wollen.
- Das Gutachten ist nach Meinung der Behörde nicht schlüssig genug, die Eignungszweifel sind damit nicht ausgeräumt. In so einem Fall sollten Sie bei der Begutachtungsstelle eine Nachbesserung des Gutachtens verlangen, notfalls auch eine ergänzende Begutachtung.

In der Regel aber wird die Verwaltungsbehörde das Gutachten akzeptieren und nach dessen Empfehlung entscheiden.

2 Das positive Gutachten

Ist Ihr Gutachten positiv ausgefallen, dann ist für Sie vorerst alles in Ordnung. Die Formalitäten für den Wiedererhalt des Führerscheins haben Sie schon vor der MPU erledigt, so dass Sie jetzt nur noch mit dem übersandten Gutachten zur Verwaltungsbehörde gehen müssen, um sich dort Ihren Führerschein abzuholen. Wenn Sie Wartezeiten vermeiden wollen, dann rufen Sie vorher bei der Behörde an, informieren den Sachbearbeiter vom positiven Ergebnis, schicken ihm das Gutachten zu und machen einen Termin aus, an dem Sie vorbeikommen. Er kann für Ihren neuen Führerschein dann schon alles vorbereiten.

3 Das Gutachten mit Kursempfehlung

Wenn Ihnen der Gutachter am Ende des Untersuchungsgesprächs angedeutet hat, es werde wohl auf eine Kursempfehlung hinauslaufen, dann steht Ihnen beim ersten Lesen Ihres Gutachtens möglicherweise ein kleiner Schock bevor. Ungeduldig blättern Sie sich bis zur letzten Seite durch, um dann – fett gedruckt – folgende Sätze zu finden:

Als Folge eines unkontrollierten Alkoholkonsums liegen keine Beeinträchtigungen vor, die das sichere Führen eines Kraftfahrzeuges in Frage stellen.
Allerdings ist zu erwarten, dass Herr Meier auch künftig ein Kraftfahrzeug unter Alkoholeinfluss führen wird.

Das ist derselbe Satz, der sich auch in negativen Gutachten findet. Das ist dem Gutachter vorgeschrieben, er kann nicht anders, es ist die amtliche Formel. Haben Sie wirklich ein Kursgutachten bekommen, dann folgt auf diese Hiobsbotschaft jedoch die beruhigende Ergänzung:

Wir sehen jedoch die Möglichkeit, dass die noch bestehenden Eignungsmängel im Rahmen einer Nachschulungsmaßnahme zur Wiederherstellung der Fahreignung nach § 70 FeV für alkoholauffällig gewordene Kraftfahrer auszuräumen sind.

Das kommt daher, dass der Gutachter zwar einerseits der Meinung ist, dass die Eignungszweifel zum jetzigen Zeitpunkt weiter bestehen, er andererseits jedoch glaubt, dass sich diese Eignungsmängel durch einen Nachschulungskurs für alkoholauffällige Kraftfahrer beheben lassen. Eine Kursempfehlung im Gutachten bedeutet für Sie zum einen, dass weitere kostbare Zeit verstreicht, bis Sie endlich Ihren Führerschein zurückerhalten, und dass durch so einen Nachschulungskurs weitere Ausgaben auf Sie zukommen, denn solche Kurse sind nicht billig. (Die Kosten belaufen sich auf 400 bis über 500 Euro.)

Zum anderen aber – und auch das sollte man sehen – bedeutet eine Kurszuweisung für Sie, dass Sie Ihren Führerschein wiederbekommen. Nicht sofort, aber immerhin ohne weitere Überprüfung Ihrer Fahreignung. Die Zeit der Ungewissheit, des bangen Hoffens, ist damit für Sie vorbei.

Auch dann gehen Sie natürlich mit dem übersandten Gutachten zur Führerscheinstelle, besprechen dort den weiteren Verfahrensablauf und lassen sich die Genehmigung für die Teilnahme am Kurs von der Behörde möglichst schriftlich geben. Denn die Stellen, die diese Kurse durchführen, sind verpflichtet, diese Genehmigung zu prüfen. Stellen Sie also klar, dass die Führerscheinstelle dieses Gutachten akzeptiert und Sie nach Ende des Kurses Ihren Führerschein wiederbekommen können.

Die Behörde hat zwar, wir sprachen schon davon, durchaus die Möglichkeit, von der Entscheidung des Gutachtens abzuweichen, wird dies aber in den seltensten Fällen tatsächlich tun. Nennenswerte Schwierigkeiten mit der Behörde gibt es bei diesem fortgeschrittenen Stand der Dinge erfahrungsgemäß nicht mehr.

Deshalb sollten Sie auch noch *vor* Ihrem Besuch bei der Behörde bei einem der Träger für solche Kurse anrufen und sich einen Platz in einem solchen Kurs vorläufig reservieren lassen. Das ist zweckmäßig, denn Sie wollen ja keine Zeit verlieren, indem Sie gerade den Start eines Kurses knapp verpassen und vielleicht einige Wochen bis zum nächsten Kurs warten müssen.

4 Die Nachschulungskurse

In Deutschland werden von mehreren Trägern bzw. Veranstaltern verschiedene solcher Kurse angeboten, unter anderem von der TÜV SÜD Pluspunkt GmbH. Die Kurse tragen die offizielle Bezeichnung »Kurse zur Wiederherstellung der Kraftfahreignung nach §70 FeV«. Das klingt sehr formalistisch, ist aber sehr wichtig, da Sie nur mit der Teilnahme an genau so einem Kurs den Führerschein anschließend wiederbekommen. Es gibt durchaus schwarze Schafe, die Ihnen vorgaukeln wollen, sie würden solche Kurse anbieten, ohne dass dem so ist.

Jeder Anbieter solcher »Kurse mit Rechtsfolge«, wie man auch sagt, braucht eine entsprechende behördliche Erlaubnis. Diese Erlaubnis wird von der Bundesanstalt für Straßenwesen durch eine sogenannte Akkreditierung erteilt. Ihre Behörde kann Ihnen in der Regel ein Verzeichnis der in Ihrer Nähe zugelassenen Kursanbieter für §-70-Kurse geben – fragen Sie danach, damit Sie auf der sicheren Seite sind.

Derzeit gibt es in Deutschland zehn zugelassene (»akkreditierte«) Kursanbieter. (Stand: November 2008)

Welcher Kurs ist für mich am besten?

Für eine telefonische Erstinformation nutzen Sie am besten die zentralen Service-Rufnummern, die einige Anbieter eingerichtet haben (mehr dazu im Anhang).

Die Fachleute streiten darüber, die Anbieter der Kurse wetteifern darum, welches Kursmodell das Beste ist. So soll es auch sein.

Ihnen sind wahrscheinlich die inhaltlichen Unterschiede

der einzelnen Kursmodelle herzlich egal, und sie können Ihnen auch egal sein. Die staatlich vorgegebenen Anforderungen erfüllen alle Kursmodelle, und diese Anforderungen liegen sehr, sehr hoch.

Sie haben vor allem ein Interesse daran, möglichst unkompliziert, schnell und preiswert in den Kurs und damit an Ihren Führerschein zu kommen. Sie werden sich für den Kurs entscheiden, der möglichst rasch beginnt, innerhalb der kürzesten

---

Verwechseln Sie diese »Kurse zur Wiederherstellung der Kraftfahreignung nach § 70 FeV« nicht mit den Vorbereitungskursen vor der MPU, über die wir bereits gesprochen haben.

Zeit stattfindet und möglichst nahe an Ihrem Wohnort liegt. Aber auch Aspekte wie etwa die Stundenzahl des Kurses, die Zahl der Kurssitzungen oder die Möglichkeit zur Ratenzahlung können interessant sein – fragen Sie danach, und testen Sie dabei gleich die Freundlichkeit und Hilfsbereitschaft der Mitarbeiter. Auch das mag ja am Ende Ihre Entscheidung beeinflussen.

Die Anforderungen an die Nachschulungskurse

Die Kurse nach §70 FeV müssen eine Reihe von behördlich vorgegebenen Anforderungen erfüllen. Die Anbieter dieser Kurse sind daran gebunden, sie haben hier keinen Spielraum. Diese Anforderungen sind:

- Die Kurse müssen mindestens zwölf Stunden dauern.
- Zwischen Anfang und Ende müssen mindestens drei Wochen liegen.

- Es müssen mindestens vier, es dürfen höchstens zwölf Teilnehmer darin sitzen.
- Es müssen mindestens vier Kurssitzungen bzw. Termine sein.

Viele, vor allem jene, die von weit her anreisen müssen, würden den Kurs natürlich gern an einem einzigen Wochenende »herunterreißen«. Das ist verständlich. Allein, es geht nicht! Die akkreditierten Veranstalter dürfen von den angeführten Rahmenbedingungen nicht abweichen. Also lohnt es sich nicht für Sie, bei der Anmeldung darüber zu diskutieren. Verhandeln Sie lieber über Möglichkeiten zur Ratenzahlung und sonstige »Extras«.

Die Anforderungen an Sie

Sie mögen in diesen §-70-Kursen mehr oder weniger lernen (das hängt zum Großteil von Ihnen selber ab); wichtig ist, dass der Besuch eines solchen Kurses in den Augen der Behörde die Eignungszweifel zerstreut.

Das liegt zum einen daran, dass die Wirksamkeit dieser wenigen zugelassenen Kurse wissenschaftlich abgesichert ist. Nur noch ein kleiner Prozentsatz der Teilnehmer solcher Kurse fällt anschließend erneut im Verkehr auf. Es sind also Kurse, die Ihre Wirksamkeit bewiesen haben – und deshalb sehr wahrscheinlich auch bei Ihnen positive Spuren hinterlassen.

Und was wird von Ihnen erwartet? Befürchtungen, Sie könnten einen solchen Kurs wegen Verständnis- und Lernschwierigkeiten nicht schaffen, brauchen Sie nicht zu haben. Am Ende eines solchen Kurses werden Sie keine Abschlussarbeit über den gelernten Stoff schreiben, es wird auch keine mündliche Prüfung – etwa in Form einer neuerlichen MPU – mehr geben.

Wenn Sie einmal im Kurs sind, dann sind Sie drin, dann können Sie nur noch durch grobes Fehlverhalten Ihre Chance auf den Führerschein zunichtemachen. Was man im Kurs von Ihnen verlangt, ist letztlich die Einhaltung einiger formaler Spielregeln:

Regelmäßigkeit

Sie müssen regelmäßig an den Kurssitzungen teilnehmen, Sie dürfen keinen Termin versäumen. Sind Sie wegen Krankheit oder aus Gründen, die Sie nicht zu verantworten haben, verhindert, so müssen Sie dies durch eine Bescheinigung des Arztes (oder des Arbeitgebers oder wer sonst dafür in Frage kommt) belegen. Für den neuen Kurs, den Sie wieder von Anfang an besuchen müssen, brauchen Sie normalerweise keine volle zweite Gebühr mehr zu zahlen – fragen Sie auch hier bei der Anmeldung gleich nach.

Pünktlichkeit

Sie müssen pünktlich zu den Kurssitzungen erscheinen. Diese Bedingung sollten Sie ernst nehmen. Einige Kursleiter sind in dieser Angelegenheit zwar großzügig, andere dagegen sehr pingelig. Sollten Sie aus wirklich triftigen Gründen am pünktlichen Erscheinen verhindert sein, so brauchen Sie eine Bescheinigung (zum Beispiel über eine Zugverspätung). Fragen Sie am besten in der ersten Kurssitzung, welche Anforderungen Ihr Kursleiter an Atteste und dergleichen stellt, was er akzeptiert und was nicht.

Mitarbeit

Sie müssen in den Kurssitzungen im Rahmen Ihrer Möglichkeiten mitarbeiten. Manche Teilnehmer mögen die gestellten Aufgaben besser erledigen als Sie, andere mögen sich an den Gesprächen lebhafter beteiligen; wichtig für den Kursleiter ist lediglich, dass bei Ihnen der gute Wille zur Mitarbeit erkennbar ist. Die bloße körperliche Anwesenheit genügt nicht.

Offenheit

Die Kurse dienen schwerpunktmäßig nicht der Wissensvermittlung, sondern der psychologischen Aufarbeitung eines Verhaltensproblems. Das setzt ein gewisses Maß an Offenheit voraus. Man erwartet also von Ihnen, dass Sie über die angeschnittenen, oft weit in den persönlichen Bereich hineinspielenden Themen sprechen.

Erschrecken Sie jetzt nicht: Der Psychologe, der Ihren Kurs leitet, weiß natürlich, dass Offenheit schwer ist, dass es dazu erheblicher Anstrengung bedarf, dass man Offenheit vor allem nicht kommandieren kann. Niemand verlangt von Ihnen, dass Sie in Gegenwart von mehreren fremden Menschen Ihre intimsten Geheimnisse ausplaudern. Aber Sie sollten sich im Kurs doch ernsthaft um Offenheit bemühen. Das kann im Zweifelsfall auch bedeuten, dass Sie deutlich Ihre Grenzen zeigen, wenn Ihnen die Neugier des Kursleiters oder der anderen Teilnehmer zu weit geht. Sie stellen klar, dass Sie über dieses Thema nichts weiter erzählen wollen. Eine solche klare Grenzziehung wird vom Kursleiter akzeptiert. Sie ist für die psychologische Arbeit im Kurs sehr viel fruchtbarer und besser als irgendwelche erfundenen Geschichten, die Sie sich ausdenken, um Offenheit nur vorzutäuschen.

Vertraulichkeit

Damit in einem solchen Rahmen auch über persönliche Dinge offen gesprochen werden kann, ist Vertraulichkeit unbedingt nötig. Man erwartet, dass Sie Informationen über andere Kursteilnehmer, die Sie im Rahmen eines solchen Kurses erhalten, nicht nach außen tragen, also im Bekanntenkreis ausplaudern. Zu dieser Vertraulichkeit müssen Sie sich vor Kursbeginn schriftlich verpflichten.

Diese Pflicht zur Verschwiegenheit gilt auch für den Psychologen, der den Kurs leitet. Er ist in einer anderen Rolle als der Psychologe bei der medizinisch-psychologischen Untersuchung.

Alkohol- und Drogenabstinenz am Kurstag

Eine wichtige Kursregel besagt, dass Sie am Kurstag keinen Alkohol und keine anderen Drogen bzw. berauschenden Mittel konsumieren dürfen und dass Sie auch keinen Restalkohol vom Vortag mitbringen dürfen. Diese Regel gilt für alle Kurse: Eine nüchterne Teilnahme erleichtert nun mal das Mit- und Zusammenarbeiten.

Nehmen Sie bitte diese Regel sehr, sehr ernst. Ihr Einhalten wird im Lauf des Kurses mit Geräten zur Messung der Atemalkoholkonzentration oder mit Drogenschnelltests überprüft. Bei entsprechendem Verdacht (sprich:»Fahne«, glasige Augen usw.) kann auch mehrmals gemessen werden. Einen Grenzwert gibt es dabei nicht. Die geringste Menge Alkohol oder Drogen reicht aus, Sie vom Kurs auszuschließen. Alkoholkonsum am Kurstag ist im Übrigen der bei weitem häufigste Grund, warum Teilnehmer vom Kurs ausgeschlossen werden müssen.

Eine Empfehlung

Als Sie das Gutachten mit der Kursempfehlung in der Post gefunden haben, waren Sie vermutlich erleichtert, dass die MPU wenigstens nicht negativ ausgefallen ist, der Führerschein somit wieder in greifbare Nähe gerückt war. Nun, da Sie sich zum Kurs angemeldet und die Kursgebühr überwiesen haben, ärgern Sie sich möglicherweise, dass Sie jetzt, nach all dem, was Sie schon hinter sich haben, auch noch einen solchen Kurs machen müssen.

Sie sind in der richtigen Stimmung für die »Große Verweigerung«. Reinsetzen, die Ohren auf Durchzug stellen und die 14

- *Die kürzesten Kurse dauern drei Wochen, die Sitzungen finden wöchentlich statt.*
- *Eine Abschlussprüfung gibt es nicht.*
- *Der Kurserfolg ist garantiert, wenn Sie sich an folgende Spielregeln halten:*
  Sie müssen regelmäßig teilnehmen.
  Sie müssen pünktlich erscheinen.
  Sie müssen mitarbeiten, so gut es geht.
  Sie müssen offen und ehrlich sein.
  Sie müssen die Vertraulichkeit wahren.
  Sie dürfen keinen Alkohol im Blut haben.

(oder wie viel) Stunden absitzen. Das können Sie machen, klar, auf die Kursbescheinigung hat das – wenn Sie es nicht übertreiben – keinen Einfluss.

Aber 14 Stunden Langeweile sind hart. Besser, einfacher und – ja, tatsächlich! – unterhaltsamer ist es, aktiv an diesem

Kurs teilzunehmen. Machen Sie das Beste aus der Situation. Wenn Sie schon die lange Zeit investieren müssen – und das müssen Sie! –, wenn Sie schon so viel dafür bezahlen müssen, dann nehmen Sie wenigstens so viel wie möglich für sich mit. Wann haben Sie schon mal wieder die Gelegenheit, einem leibhaftigen Psychologen Löcher in den Bauch zu fragen?

Gehen Sie mit im Kurs! Scheuen Sie auch vor Widerspruch nicht zurück! Bringen Sie Leben in die Bude. Vielleicht, wahrscheinlich sogar, werden Sie am Ende des Kurses bedauern, dass er schon aus ist.

5 Die Folgen einer neuerlichen Trunkenheitsfahrt

Ein Nachschulungskurs für alkoholauffällige Kraftfahrer ist für Sie momentan die große Chance, er ist dabei das Hintertürchen zum Führerschein. Langfristig gesehen, gehen Sie mit dem Kursbesuch aber auch eine große Verpflichtung ein; man wird Sie in Zukunft daran messen. Sollten Sie jemals wieder

Betrunken fahren nach einem Kurs ist in den Augen eines MPU-Gutachters die »Todsünde« schlechthin, denn dieses Verhalten zeigt deutlich, wie unbelehrbar und auch abhängig vom Alkohol der Teilnehmer ist. Jetzt ist eine radikale Änderung der Lebensverhältnisse, sprich: stabile Alkoholabstinenz notwendig. (Verkehrs-)psychologische Hilfe sollten Sie spätestens jetzt annehmen.

mit Alkohol am Steuer auffällig werden und – natürlich – erneut zu einer MPU müssen, dann wird man Ihnen den früheren Kursbesuch ganz entschieden vorhalten.

»Dieser Mensch«, wird man sagen, »hatte schon einmal die Chance, sein Fehlverhalten durch Kursteilnahme aufzuarbeiten, ihm sind die Folgen von Alkohol am Steuer ganz nachhaltig vor Augen geführt worden, trotzdem ist er rückfällig geworden. Ein positives Gutachten kann man nicht mehr schreiben, ein erneuter Kursbesuch wäre wohl ebenfalls Unsinn, denn er hat das in ihn gesetzte Vertrauen schon einmal enttäuscht.«

Bei einem Rückfall nach Kursbesuch haben Sie – man kann es nicht zartfühlend umschreiben – äußerst schlechte Erfolgsaussichten. Wie schon erwähnt, wird für Sie der Weg zum nächsten Führerschein sehr lang und sehr, sehr mühsam. Stellen Sie sich darauf jetzt schon ein.

Allerdings ist auch jetzt noch nicht aller Tage Abend, sind auch jetzt noch nicht sämtliche Züge für Sie abgefahren. Wenn Sie dem Psychologen nämlich sehr gute Argumente liefern, Sie zum Beispiel zwischenzeitlich eine Alkoholtherapie erfolgreich beendet haben und seither mindestens ein Jahr abstinent waren, dann stehen Ihnen noch alle Wege offen.

Sollten Sie nach einem Kursbesuch rückfällig geworden sein, dann empfehlen wir Ihnen auf jeden Fall intensive verkehrspsychologische Maßnahmen bei einem seriösen Anbieter.

6 Das negative Gutachten

Wenn Sie diesen Ratgeber aufmerksam und mit einiger Bereitschaft zur Verhaltensänderung gelesen haben, vielleicht sogar eine gute Vorbereitungsmaßnahme besucht haben, dann haben Sie damit die Wahrscheinlichkeit für sich drastisch erhöht, ein positives Gutachten oder wenigstens eine Kursempfehlung zu bekommen. Eine Garantie kann Ihnen aber niemand geben. Das negative Gutachten, das Sie also doch bekommen haben, ist für Sie ärgerlich. Es wirft Sie zurück, aber es braucht Sie nicht aus der Bahn zu werfen. Auch ein negatives Gutachten bedeutet nicht das Ende aller Wege.

Wenn sich Ihr erster Zorn, Ihre erste große Enttäuschung gelegt hat, dann rufen Sie sich bitte ins Gedächtnis zurück, was Sie über Ihre Rechte am Gutachten gelernt haben: Sie waren der Auftraggeber des Gutachtens, Sie hatten mit der Begutachtungsstelle für Fahreignung einen Werkvertrag abgeschlossen, Sie haben demnach jetzt auch die vollen Rechte an der erbrachten Leistung, sprich: dem über Sie erstellten MPU-Gutachten.

Das Gutachten ist also Ihr Eigentum, über das Sie nach Belieben verfügen können. Sie sind damit – logischerweise – auch der Eigentümer der im Gutachten enthaltenen Information. Anders lautende Hinweise können Sie getrost ignorieren.

Lesen Sie das Gutachten, das Sie sich hoffentlich an Ihre eigene Adresse haben zuschicken lassen, sorgfältig durch. Es werden vermutlich eine Menge unangenehmer Einzelheiten über Sie drinstehen – Einzelheiten, von denen Sie nicht so gern möchten, dass sie in einer amtlichen Akte festgehalten werden. Das können Sie auch ohne größere Mühe verhindern, denn Sie wissen ja: Sie müssen ein negatives Gutachten nicht bei der Verwaltungsbehörde abgeben.

Damit Sie sich nicht wundern: Es kann Ihnen durchaus passieren, dass ein Sachbearbeiter der Führerscheinstelle Ihnen einen anderen Eindruck vermittelt. Lassen Sie sich nicht verunsichern, Sie kennen Ihre Rechte.

Das negative Gutachten sollten Sie also – im Regelfall – nicht aus der Hand geben. Sie wissen bereits, dass es durchaus nützlich sein könnte, das Gutachten zu einem Gespräch bei der Führerscheinstelle mitzunehmen, um es dort mit dem

> *Es ist Ihr gutes Recht, das Gutachten einzubehalten. Sie haben es in Auftrag gegeben und bezahlt. Sie dürfen deshalb durch die Verwaltungsbehörde keinerlei Nachteile erleiden.*

Sachbearbeiter zu besprechen. Der Sachbearbeiter kann das Gutachten durchlesen und Ihnen vielleicht den einen oder anderen wichtigen Tipp geben. Sie können aber das Gutachten auf jeden Fall wieder mitnehmen, damit es nicht Bestandteil der Akte wird.

Das freundliche negative Gutachten

Nun gibt es aber auch Gutachten, die im Ergebnis zwar negativ sind, aber doch eine sehr positive und Erfolg versprechende Entwicklung bei Ihnen beschreiben. Der Haken war nach Meinung des Gutachters nur, dass diese positive Entwicklung zum Zeitpunkt der MPU noch nicht gefestigt genug gewesen ist.

Das Gutachten argumentiert in etwa so: »Herr Meier lebt seit einem knappen halben Jahr glaubhaft abstinent, hat sich auch schon intensiv mit seiner Problematik auseinandergesetzt, aber die Zeit seit Beginn der Abstinenz ist noch ein wenig zu kurz.«

Solche negativen Gutachten sind oft so freundlich für Sie formuliert, dass dem Nachgutachter einige Zeit später kaum noch etwas anderes übrig bleibt, als Ihnen beim nächsten Mal ein positives Gutachten zu schreiben – wenn er das Vorgutachten kennt und bei Ihnen inzwischen alles beim Guten geblieben ist, also nicht wieder ein Rückschritt deutlich zu erkennen ist.

Sollten Sie also ein freundliches Negativgutachten bekommen haben, dann sollten Sie es vielleicht doch der Behörde übergeben oder es zumindest zur zweiten Begutachtung mitnehmen, um es dem dortigen Psychologen vorzulegen.

Was können Sie jetzt tun, da Sie das negative Gutachten in der Tasche haben? Sie haben mehrere Möglichkeiten, auf ein negatives Gutachten zu reagieren.

Den Rechtsweg beschreiten

In einem Rechtsstaat können Sie gegen Verwaltungsentscheidungen Rechtsmittel einlegen, also auf juristischem Weg gegen diese Entscheidung angehen. Voraussetzung für das Beschreiten des Rechtswegs ist, dass erst einmal eine Verwaltungsentscheidung getroffen werden muss. Das Gutachten selbst ist, wie Sie wissen, noch keine verbindliche Entscheidung, sondern lediglich eine sachverständige Empfehlung für die Behörde.

Damit die Behörde einen solchen, wie es im Sprachgebrauch der Verwaltungsjuristen heißt, »rechtsmittelfähigen Versagungsbescheid« erlassen kann, ist es notwendig, dass Sie das Gutachten bei der Behörde abgeben. Erst dann kann ein solcher Bescheid erlassen werden.

Bestehen Sie hingegen auf einer Entscheidung ohne Gutachten, dann gäbe es eine Situation wie vor dem Gutachten. Die Behörde hätte Eignungszweifel, diese Eignungszweifel wären deshalb noch nicht ausgeräumt, weil die notwendige Information, sprich: das MPU-Gutachten fehlt. Sie merken, wo der Hase im Pfeffer liegt. Geben Sie das Gutachten jetzt nicht ab, dann ist Ihr Rechtsweg völlig ohne Chancen. Geben Sie das Gutachten hingegen ab, so liegt es mit allen darin enthaltenen Informationen nicht nur bei den Verwaltungs-, sondern auch bei den Gerichtsakten.

Das Beschreiten des Rechtswegs sollten Sie sich also vorher gut überlegen. Auch deshalb, weil Ihre Chancen, auf diesem Weg wieder zu Ihrem Führerschein zu kommen, sehr schlecht sind. Bedenken Sie auch, dass ein solches Widerspruchsver-

> *In einem Verfahren zur Wiedererteilung der Fahrerlaubnis den Rechtsweg zu beschreiten hat keine großen Erfolgschancen. Diese Vorgehensweise ist daher generell nicht zu empfehlen.*

fahren sehr lange dauern kann, viel länger als ein neuerliches Gutachten. Für Sie heißt das, dass Sie – möglicherweise – am Ende vielleicht Recht bekommen, aber viel zu viel kostbare, weil führerscheinlose Zeit verloren haben.

Wir können Ihnen also zum Rechtsweg nur dann raten, wenn das Gutachten über Sie wirklich ganz ausnehmend schlecht und nachlässig geschrieben worden ist. Und wenn wir es recht bedenken, so raten wir Ihnen selbst in diesem Fall nicht dazu. Denn auch dann wird man von Ihnen ein weiteres besseres Gutachten fordern.

Das Zweitgutachten

Eine empfehlenswerte, da Zeit und Geld sparende Alternative zum Rechtsweg ist ein neuerliches Gutachten. Wenn Sie sich also sagen, der Gutachter habe Sie nicht richtig verstanden, Sie seien mit ihm nicht recht klargekommen, dann können Sie zu einer anderen Begutachtungsstelle gehen, um dort einen weiteren Versuch zu starten. Es kann im Übrigen auch die gleiche Untersuchungsstelle sein. Sie werden bei einer neuerlichen Begutachtung auf keinen Fall denselben Gutachter wie beim ersten Mal bekommen, die Untersuchungsstellen achten sehr darauf.

Die Möglichkeit eines weiteren Gutachtens steht Ihnen immer frei. Entscheiden Sie sich dafür, dann bitten Sie die Behörde, vorerst keine Entscheidung über Ihren Antrag zu treffen, sondern diese Entscheidung zurückzustellen, bis Sie eine weitere MPU gemacht haben. Die Verwaltungsbehörde wird die nötigen Unterlagen, die sie von der Begutachtungsstelle zurückbekommen hat, an die andere Begutachtungsstelle versenden.

Sie brauchen allerdings die Verwaltungsbehörde bei dieser Gelegenheit nicht davon in Kenntnis zu setzen, wie das erste Gutachten ausgefallen ist. Man kann es sich dort natürlich denken, wenn Sie eine zweite Begutachtung beantragen, mehr aber nicht. Genaues weiß die Behörde zu diesem Zeitpunkt nicht. Die überlassenen Unterlagen wurden von der Begutachtungsstelle lediglich mit einem neutralen Begleitschreiben zurückgesandt; dieses Schreiben enthält keinen Hinweis darauf, ob Sie überhaupt bei der Untersuchung waren.

Empfehlenswert ist ein Zweitgutachten nach kurzer Zeit allerdings nur dann, wenn Ihnen das erste Gutachten in keiner Weise gerecht wird. Ansonsten werden Sie bei einer neuerlichen Begutachtung innerhalb kurzer Zeit das gleiche negative Ergebnis mit nach Hause nehmen.

Das zweite Gutachten

Das MPU-Gutachten »akzeptieren« muss keineswegs heißen, dass Sie sich das Gutachten inhaltlich voll zu eigen machen, dass Sie die Entscheidung des Gutachters für gut und ange-

> *Die Wahrscheinlichkeit, dass ein Zweitgutachten genauso ausfällt wie das wenige Wochen zuvor erstellte Erstgutachten, ist hoch. Die Chancen für ein besseres Gutachten sind für Sie umso größer, je mehr Zeit und Veränderung zwischen den beiden Begutachtungen liegen. Zu empfehlen ist ein zweites Gutachten im Abstand von mindestens einem halben Jahr.*

messen halten. Das Gutachten »akzeptieren« heißt für Sie zunächst nur, dass Sie gegen das Gutachten und die darauf (fast) unvermeidlich folgende Entscheidung der Behörde nichts unternehmen wollen.

Wenn Sie sich also vorerst dafür entscheiden, dann gehen Sie auch in diesem Fall zur Verwaltungsbehörde und ziehen dort – ohne weitere Begründung, so etwas ist nicht nötig – Ihren Antrag auf Wiedererteilung der Fahrerlaubnis einfach zurück. Sie ersparen sich damit einen »rechtsmittelfähigen Versagungsbescheid«, der Sie lediglich einiges an Gebühren kostet, am Endergebnis der Prozedur aber nichts ändert; Ihren

Führerschein bekommen Sie in dem einen wie in dem anderen Fall vorerst nicht.

Damit kann die Angelegenheit für Sie natürlich noch nicht erledigt sein. Nach Ablauf einer angemessenen Frist sollten Sie vielmehr erneut einen Antrag auf Erteilung der Fahrerlaubnis stellen und erneut zu einer MPU erscheinen. »Angemessene Frist«, das sollte ein Jahr sein, es kann aber auch kürzer sein. Ein halbes Jahr sollten Sie aber in der Regel nicht unterschreiten.

Viel wichtiger aber als alle Überlegungen zum zeitlichen Abstand ist: Bevor Sie zu einer neuen MPU erscheinen, sollten Sie sich gut darauf vorbereiten. Versuchen Sie herauszubekommen, warum es beim ersten Mal nicht geklappt hat. Einmal abgesehen vom Gutachter: Was war bei Ihnen noch nicht so, wie es sein müsste? Was fehlte noch? Seien Sie so selbstkritisch wie nur möglich, schonen Sie sich und Ihre Eitelkeit nicht.

Auf jeden Fall sollten Sie das erste Gutachten sehr sorgfältig lesen. Wenn Sie es nach einigen Wochen, nachdem der erste große Ärger darüber verflogen ist, wieder hervorholen, werden Sie bei ruhiger Sicht der Dinge möglicherweise feststellen, dass der Gutachter in manchen Dingen vielleicht doch Recht hatte, dass bei Ihnen tatsächlich noch einiges änderungsbedürftig ist. Versuchen Sie das zu ändern, bevor Sie erneut antreten, Sie fallen sonst wieder rein!

Standen irgendwelche Empfehlungen im Gutachten? Dass Sie zu einer Selbsthilfegruppe gehen sollten, gar eine Alkoholentziehungskur machen sollen? Sie müssen solchen Ratschlägen natürlich nicht blind folgen, aber Sie sollten sie als Stellungnahme eines Fachmanns ernst nehmen und gründliche Überlegungen daran knüpfen. Sprechen Sie mit Ihrem Partner, mit Verwandten oder Bekannten.

IV Blick nach vorne

Wenn Sie nach positivem Gutachten oder Nachschulungskurs endlich Ihren Führerschein zurückbekommen haben, dürfen Sie nach den überstandenen Mühen erst einmal durchatmen. Das Thema »Alkohol am Steuer« ist für Sie aber noch nicht beendet. Jetzt beginnt sogar der schwierigste Teil der Übung. Ging es bisher für Sie *nur* darum, den Führerschein wiederzubekommen, so müssen Sie nun darum kämpfen, den Führerschein zu behalten!

So leicht sich das anhört – nicht mehr fahren, wenn ich getrunken habe; nichts mehr trinken, wenn ich noch fahren muss –, so schwierig ist es in der Praxis. Ein erheblicher Teil der Trunkenheitstäter fährt nach der Führerschein-Wiedererteilung irgendwann abermals betrunken und setzt die Fahrerlaubnis erneut aufs Spiel.

Was können Sie dazu beitragen, damit Sie zu den dauerhaft Kurierten gehören?

Sie haben ein Alkoholproblem

Nach allem, was wir Ihnen bisher über Alkohol, Alkoholgewöhnung und Alkohol am Steuer vermittelt haben, wird es Sie nicht mehr verwundern, wenn wir uns der Meinung Ihres MPU-Psychologen anschließen. Auch wir gehen von einem erheblichen Alkoholproblem bei Ihnen aus.

Zehn Prozent der bundesdeutschen Bevölkerung trinken 55 Prozent des konsumierten Alkohols. Und die Klienten der MPU kommen aus diesem Kreis. Zu dieser kühnen Behauptung gelangen wir nicht nur wegen der hohen Blutalkoholkonzentration, mit der Sie fahren *konnten*. Wir schließen es auch daraus, dass Sie noch fahren *wollten*. Die Tatsache, dass Sie betrunken gefahren sind, lässt auf heftige Liebe zur Rauschdroge Alkohol schließen.

Entgegen anders lautender Gerüchte kann man nämlich Liebe – zu einem Menschen, einem Tier, einem Ding – durchaus messen oder zumindest abschätzen. Ein sehr brauchbarer Maßstab für Liebe sind dabei die Mühen, Entbehrungen, Risiken, die einer für den geliebten Menschen oder das geliebte Objekt auf sich nimmt. Wegen einer Liebelei wechselt keiner Arbeit oder Wohnort, während er für die große Liebe seines Lebens durchs Feuer geht.

Um nicht auf den Genuss großer Mengen Alkohol verzichten zu müssen, haben Sie – nicht nur an dem Tag, an dem Sie den Führerschein verloren haben – Leben und Gesundheit, Auto und Führerschein und möglicherweise auch Ihre berufliche Existenz aufs Spiel gesetzt. Kein Mensch, dem Alkohol wenig bedeutet, wird trinken, wenn er weiß, dass er noch fahren muss.

Wer oft viel trinkt, für den ist die Versuchung, immer wieder mit Alkohol zu fahren, so groß, dass er ihr auf Dauer nicht widerstehen wird. *Hätte* er die Willenskraft, dieser Versuchung zu widerstehen, dann hätte er erst recht die Willenskraft, ganz mit den Trinken aufzuhören.

Weiter trinken, aber nicht fahren?

Das Trennen von Trinken und Fahren ist eine praktikable Lösung für die Mehrzahl der Führerscheininhaber; Leute also, die zwar gern einmal etwas trinken, dabei aber sich und den Alkohol im Griff haben. Für andere dagegen ist das dauerhaft zuverlässige Trennen von Trinken und Fahren eine Illusion. Wenn sowohl der Alkohol als auch das Auto fester und unverzichtbarer Bestandteil der persönlichen Lebensgestaltung sind, dann sind die beiden Dinge nicht mehr säuberlich zu trennen.

Bei einer großen deutschen Versicherung arbeitete einst ein Unfallforscher, der führende Wissenschaftler auf diesem Gebiet. In den Siebziger- und Achtzigerjahren hatte dieser Professor im Fernsehen eine regelmäßige Sendung, in welcher er die Bevölkerung über die Gefahren des Straßenverkehrs aufklärte; über die Gefahren im Allgemeinen, über die Gefahren von Alkohol am Steuer im Besonderen. Nachdem der Professor mit 2,2 Promille gegen ein Taxi gefahren war, verschwand er von heute auf morgen vom Bildschirm.

Abgesehen von der Plattheit, dass Professoren auch nur Menschen sind, zeigt uns diese Geschichte, welch enorme Sprengkraft hinter dem Fahren unter Alkoholeinfluss steht. Keiner in Deutschland wusste besser als dieser Professor, welche Risiken mit Alkohol am Steuer verbunden sind. Aber:

- Er hat gern und oft viel getrunken (siehe die 2,2 Promille), und
- er ist oft mit dem Auto gefahren.
- Also ist er irgendwann auch betrunken gefahren.

Der Verstand hilft nicht gegen Bedürfnisse!

Woraus folgt:

- Wenn Sie nach der Führerschein-Neuerteilung weiter in dem Ausmaß trinken, wie Sie vor dem Führerscheinentzug getrunken haben, werden Sie sich irgendwann trotz guter Vorsätze wieder mit Alkohol ans Steuer setzen.
- Wenn Sie das tun, werden Sie die Erfahrung machen, dass es immer noch »gutgehen« kann: Sie werden nicht erwischt.

- Das gibt Ihnen die Zuversicht, es auch ein weiteres Mal zu versuchen.
- Über kurz oder lang sind Sie wieder bei Ihrer alten Gewohnheit.

Radikale Lösungen sind gute Lösungen

Die einzige Lösung Ihres Problems mit Alkohol am Steuer besteht für Sie darin, Ihr problematisches Verhältnis zur Rauschdroge Alkohol *dauerhaft und zuverlässig* in Ordnung zu bringen. Um erfolgreich die MPU zu absolvieren, um gute Leberwerte zu erreichen, werden die meisten von Ihnen in der führerscheinlosen Zeit entweder ganz auf Alkohol verzichtet oder ihren Konsum zumindest drastisch reduziert haben.

Verschenken Sie diesen Fortschritt nicht! Bauen Sie ihn aus, knüpfen Sie daran an! Glauben Sie nicht, mit dieser relativ kurzen Trinkpause wäre Ihr Problem gelöst.

Viele Leute, ob sie nun selber Erfahrung mit erhöhtem Alkoholkonsum haben oder nicht, stellen sich unter einem Alkoholiker – einem »richtigen« Alkoholiker – einen Menschen vor, der täglich sein Quantum Alkohol konsumiert. Solch ein *Spiegeltrinker* – der Name kommt daher, dass ein gewisser Alkoholspiegel im Blut für ein beschwerdefreies Leben notwendig ist – wird unruhig, wenn er eine Zeit lang ohne Alkohol auskommen muss. Ein Mensch, der immer wieder auf Alkohol verzichtet, kann demnach noch kein »richtiger« Alkoholiker sein.

Dies ist ein Aberglaube. Der Spiegeltrinker ist keineswegs die einzig mögliche Variante des Alkoholismus. Er ist auch nicht die zwangsläufige Endstation eines Alkoholikers. Viele Trinker werden *nie* zum Spiegeltrinker und sind dennoch schwere und ausgesprochen hartnäckige Alkoholiker.

Die Tatsache, dass Sie wegen der MPU ein halbes Jahr (oder länger) keinen oder kaum Alkohol getrunken haben, ist für Sie noch kein Grund zur Entwarnung. »Das Schwierige«, hat einmal ein trockener Alkoholiker bei einer MPU gesagt, »das wirklich Schwierige ist nicht das Aufhören, sondern das Nicht-wieder-Anfangen.«

Gute Vorsätze müssen einfach und konkret sein

Wir empfehlen Ihnen als Lösung Ihres Problems mit Alkohol am Steuer die Abstinenz, also den *kompromisslosen und dauerhaften* Verzicht auf Alkohol in *jeder* Form und in *jeder* Menge.

Die Abstinenz ist nicht nur die radikale (das heißt an die Wurzel gehende) Lösung des Problems, sie ist paradoxerweise auch die einfachste Lösung, viel einfacher als alle Lösungen, bei denen Sie ständig aufpassen müssen, selbst gesetzte Grenzwerte nicht zu überschreiten.

Solange Sie aber selbst von der Notwendigkeit Ihrer Abstinenz nicht überzeugt sind, werden Sie diesen Weg nicht gehen. Das respektieren wir. Möglicherweise bevorzugen Sie also andere Lösungen:

- »Ich trinke künftig nur noch mäßig und kontrolliert.« Das heißt, Sie wollen zwar Ihren Alkoholkonsum ändern, sprich: senken, die Notwendigkeit strikter Abstinenz aber scheint Ihnen übertrieben.
- »Ich steige nie wieder betrunken in ein Auto ein.« Das heißt, Sie wollen an Ihrem Alkoholkonsum nichts oder zumindest nichts Wesentliches ändern. Auch erhöhte Trinkmengen sind künftig noch möglich, selbst Räusche.

Wenn Sie sich für eine dieser »schwierigen« Möglichkeiten statt für die Abstinenz entscheiden, dann sollten Sie Ihre Ziele für die Zukunft wenigstens klar definieren. Diese Ziele und Vorsätze sollten so präzise formuliert sein, dass Sie deren Einhaltung *genau und unmissverständlich* kontrollieren können. Sagen Sie nicht:

- Ich will künftig nur noch kontrolliert und mäßig trinken!
- Ich will künftig nicht mehr mit zu viel Alkohol ins Auto einsteigen!

Es liegt auf der Hand, dass Sie über kurz oder lang anfangen werden, mit sich selbst über die Definition zu streiten. Was ist »mäßig«, was »kontrolliert«, was gar »zu viel«?

Das Ende aller Illusionen

Nehmen Sie sich vielmehr (zum Beispiel) vor: Ich will künftig niemals – bei *keiner* Gelegenheit – mehr als zwei Bier trinken! Wenn Sie dann, vielleicht in fünf Jahren, die Erfahrung machen, dass Sie auf einer Feier vier statt der genehmigten zwei Bier getrunken haben, dann sollten Ihre Alarmglocken zu schrillen anfangen. Reden Sie sich nicht damit heraus, dass Sie ja kein Auto dabeihatten und es eigentlich egal war. Wichtig ist nicht, ob ein Auto oder Motorrad mit im Spiel war. Wichtig ist auch nicht, ob vier Bier im Lauf eines langen Abends nun wirklich so viel Alkohol sind. Wichtig für Sie ist lediglich der Umstand, dass Sie in puncto Alkohol etwas *wollten*, es aber nicht *konnten*, weil Ihr Gegenspieler, die harte Rauschdroge Alkohol, stärker war.

Der direkte Weg zurück in Ihre alten, verhängnisvollen Trinkgewohnheiten besteht darin, dass Sie sich vornehmen, Sie wollten nie wieder einen Rausch haben! Denn was ein Rausch *ist*, hängt ganz erheblich von der Alkoholgewöhnung ab. Was gar als Rausch *empfunden* wird, ist in erster Linie eine Sache der persönlichen Wahrnehmung und Kritikfähigkeit, die aber gerade durch den Alkoholgenuss auf fatale Weise eingeschränkt sind.

Nehmen Sie sich vor, wenn Sie denn schon unbedingt auch weiterhin viel trinken wollen (müssen?), Sie wollten sich nie mehr mit Alkohol – mit wie viel auch immer – ans Steuer setzen. Wenn Sie sich nach all dem, was Sie jetzt mit dem Führerscheinentzug durchlebt haben, noch *einmal* dabei erwischen, wie Sie alkoholisiert ins Auto einsteigen, dann können Sie die Frage: Bin ich nun Alkoholiker oder nicht? eindeutig mit Ja! beantworten. Spätestens dann sollten Sie umgehend einen Termin mit einem Fachmann vereinbaren.

V Der Untersuchungsanlass »Drogen«

Noch bis in die neunziger Jahre hinein spielte der Untersuchungsanlass »Drogen« in der täglichen Praxis der Begutachtungsstellen für Fahreignung eine eher untergeordnete Rolle. Zahlenmäßig machte er allenfalls ein paar Prozent der Gutachten aus. Vom fachlichen Standpunkt aus war das Untersuchungsgebiet noch neu und unvertraut; Mediziner und Psychologen (und die Polizei!) stocherten weitgehend im Nebel, so dass Ratschläge an mögliche MPU-Kandidaten mindestens ebenso nebulös und nur begrenzt hilfreich gewesen wären.

Seither hat das Thema »Drogen« für die medizinisch-psychologische Untersuchung ganz erheblich an Bedeutung gewonnen. Mit der Zahl der entdeckten Drogenfahrten stieg die Zahl der zu untersuchenden Fälle, und in der Folge ist die Methodik standardisiert worden, sind auch die Entscheidungskriterien immer konkreter und fassbarer geworden.

Dem Thema »Drogen am Steuer« ist deshalb ein eigenes Kapitel gewidmet – wohlgemerkt: ein Kapitel, kein zusätzliches Buch. Denn sehr viel, eigentlich das meiste von dem, was zuvor über die Untersuchung bei alkoholauffälligen Kraftfahrern zu lesen war, gilt auch für den Untersuchungsanlass »Drogen«. Das heißt: Dieser Abschnitt über Drogen setzt die Lektüre der vorherigen Kapitel voraus.

1 Was sind Drogen?

Das Wort *Droge* wird von den meisten Menschen wie selbst-verständlich verwendet: Jedermann weiß, was es bedeutet. Wie mehrdeutig der Begriff jedoch ist, zeigt sich immer wieder in den Diskussionen zum Thema Drogen. Was dem einen völlig harmlos erscheint, hält der andere für eine gefährliche Droge. Hart gegen weich, legal gegen illegal, Drogengenuss gegen Drogenmissbrauch. Je nach Perspektive des Betrachters erscheinen die Dinge in einem anderen Licht; Beliebigkeit macht Diskussionen oft sinnlos.

Ein wenig Klarheit ergibt sich, wenn man sich den Wandel des Begriffs im Laufe der Zeit ansieht. Ursprünglich war »drög« ein altdeutsches und heute noch im Norden Deutschlands verwendetes Wort für »trocken«. Im Niederländischen wurde daraus das Wort »droog«, das getrocknete Materialien bezeichnet, die als Heilmittel, Parfüm oder Gewürze verwendet wurden. Drogen in diesem Sinne sind dann beispielsweise auch das Johanniskraut oder die Muskatnuss. Das Warenangebot der Drogerie, im Wortsinne also der Drogenhandlung, erinnert bis heute an diese ursprüngliche Wortbedeutung. Das niederländische »droog« wurde dann in der anglo-amerikanischen Sprache zu »drug« und bezeichnet Arzneimittel, Rauschgift und Betäubungsmittel (Narkotikum).

So weit, so gut, könnte man meinen. Wenn sich nicht der Kreis schließen würde durch die ebenso schlichte wie falsche Rückübersetzung des Wortes »drug« in das Deutsche »Droge«. Die damit verbundene Unklarheit spiegelt sich heute im Alltag wieder, wenn mit dem Begriff »Droge« solche Stoffe gemeint sind, die körperlich oder psychisch schädlich und abhängig machend sind, missbraucht werden und meist illegal sind.

Rauschgift

Zunehmende Verbreitung findet das Verständnis des Begriffs Droge im Sinne einer *psychoaktiven Substanz*. Das sind Substanzen, die so auf das Nervensystem des Menschen wirken, dass es zu Bewusstseinsveränderungen kommt, also zu Veränderungen der Wahrnehmung, des Denkens, Fühlens oder des Realitätserlebens insgesamt. Unter *Rauschmittel* versteht man dementsprechend psychoaktive Substanzen, die zusätzlich zu solchen veränderten Bewusstseinszuständen auch noch zu einem Rauscherleben führen. Ein *Rauschgift* ist schließlich ein Rauschmittel, das darüber hinaus eine schädigende Wirkung hat durch

(a) eine Giftwirkung (sogenanntes Zellgift),

(b) eine nachhaltige psychische Schädigung des Konsumenten,

(c) ein hohes Suchtpotenzial (insbesondere mit Kontrollverlust über den Konsum).

Halten wir also fest: Wenn wir über Kokain oder auch Ecstasy reden, so reden wir über Rauschgifte.

Die Grenzen zwischen Genussmittel, psychoaktiven Substanzen, Rauschmitteln und Rauschgiften sind nicht immer scharf gezogen. Und ob Alkohol sinnvollerweise zu den Genussmitteln zu zählen ist, bedarf einer differenzierten Betrachtung unter Verwendung möglichst klarer Begriffe. Entsprechendes gilt für die Diskussion über eine Legalisierung von Cannabis oder über die leichtfertige Verwendung von Medikamenten oder über Tabakkonsum und Nichtraucherschutz.

Weitgehend im Erleben des einzelnen Konsumenten begründet ist schließlich die *subjektive Wirkung* von Drogen. Die wiederum ist abhängig von

• Hauptwirkrichtung der Droge (anregend, dämpfend usw.)
• der Konsumform
• der aufgenommen Dosis (Wirkstoffgehalt)
• der Umgebung (Setting)
• der Person und ihren Erwartungen (Set).

Cannabiskonsumenten wissen in der Regel, dass bei der Konsumform »Essen« die Wirkung ziemlich überraschend einsetzen kann. Bekannt ist auch, dass die aufgenommene Dosis (Menge an THC, dem psychoaktiven Wirkstoff des Cannabis) nicht in einem gradlinigen Verhältnis zur subjektiv wahrgenommen Wirkung steht; hierfür ist unter anderem der Grad der Gewöhnung an die Droge (Toleranz) verantwortlich. Problematisch für die Verkehrssicherheit ist insbesondere auch der Sachverhalt, dass subjektiv wahrgenommene und tatsächliche Beeinträchtigungen der Fahrtüchtigkeit nicht unbedingt übereinstimmen. Folge davon sind nicht selten Unfälle, die nach den Regeln der Logik und der Fahrphysik eigentlich nicht erklärbar sind.

Unterschätzt wird immer wieder auch der Einfluss der Umgebung, der persönlichen Verfassung und der Erwartungen des Konsumenten auf die Drogenwirkung.

Betäubungsmittel und Betäubungsmittelgesetz

Wie schön wäre es doch, wenn die Verhältnisse etwas klarer und die Grenzen eindeutig gezogen wären. Und in der Tat, es gibt seit 1972 das Betäubungsmittelgesetz (BtMG), das den generellen Umgang mit psychoaktiven Substanzen regelt. Etwas irreführend ist allerdings, dass im medizinischen Sinne Betäubungsmittel die Narkotika sind (Hypnotika, Anästhetika, Relaxantia). Im BtMG dagegen sind damit all diejenigen Substanzen gemeint, die in verschiedenen Listen aufgeführt sind – und das sind verschiedenartigste Substanzen, die nicht alle »betäuben«. Regeln für den Genuss von Alkohol oder Cannabis finden sich im BtMG allerdings nicht; vielmehr geht es allermeist um Verbote von *Abgabe* und *Handel* dieser in den Listen aufgeführten Substanzen. Spezielle Verordnungen regeln dann z. B., wer welche Stoffe in welchen Mengen an wen verschreiben kann (z. B. Medikamente, die unter das BtMG fallen wie Methadon, Morphin etc.)

Des einen Freud, des anderen Leid wiederum ist die Uneinigkeit hinsichtlich des *Besitzes* verbotener Substanzen wie zum Beispiel Cannabis oder Dopingmittel. Wie trefflich lässt sich doch darüber streiten, ob 1, 2, 3 oder 10, 20, 30 Gramm einer Substanz als eine geringe Menge anzusehen sind, die jemand besitzen darf. Derartige Diskussionen sind unter anderem deshalb so kompliziert, weil unterschiedlichste Interessen vorliegen und die Perspektiven von Psychologie, Medizin, Justiz und Konsument durchaus sehr unterschiedlich sein können. Immer wieder trifft man daher auch auf unterschiedliche Einteilungen von psychoaktiven Substanzen. Neben der Einteilung nach legalen und illegalen Substanzen werden sie z. B. nach ihrer Wirkrichtung (z. B. aufputschend, dämpfend) oder nach ihrer Gefährlichkeit für den Konsumenten oder die Gesellschaft (harte, weiche oder schwere, leichte usw.) eingeteilt.

Für unsere Belange wollen wir festhalten, dass Drogen im oben beschriebenen ursprünglichen Sinne nicht das Problem im Straßenverkehr darstellen. Vielmehr geht es um den riskanten Gebrauch oder Missbrauch psychoaktiver Substanzen, Rausch-mittel bzw. Rauschgifte – gelegentlich auch um die Abhängig-keit davon. Das BtMG regelt den allgemeinen Umgang mit psychoaktiven Substanzen, die dort in immer wieder aktuali-sierten Listen aufgeführt sind.

Aber Vorsicht: Die Regel, wonach erlaubt ist, was nicht ver-boten ist, sollte auf den Konsum psychoaktiver Substanzen nicht unbedingt angewendet werden. Allein schon die soge-nannten biogenen Drogen (Pilze etc.) belehren uns da eindeu-tig eines Besseren!

Eine wirkliche Alternative stellen vielleicht die körpereigenen Drogen dar (z. B. »Glückshormone, Endorphine, Anandamid etc.). Einigen Menschen gelingt es ja – vielleicht nach entspre-chender Übung – ganz ohne äußere Zufuhr irgendwelcher che-mischer Stoffe, den eigenen Körper zur Ausschüttung psycho-aktiver Substanzen zu veranlassen. In diesem Sinne: Viel Er-folg!

2 Drogen im Straßenverkehr

Erinnern Sie sich noch an den Gesetzestext, Trunkenheit im Straßenverkehr betreffend? Der Trunkenheit im Verkehr, hieß es da, mache sich schuldig, »wer ... ein Fahrzeug führt, obwohl er infolge des Genusses alkoholischer Getränke *oder anderer berauschender Mittel* nicht in der Lage ist, das Fahrzeug sicher zu führen«.

Die Rede ist also von »alkoholischen Getränken«, aber auch von »anderen berauschenden Mitteln«. Im Klartext heißt das, dass jeder, der unter dem Einfluss von Heroin, Kokain, Haschisch, Ecstasy oder anderen illegalen Rauschdrogen im Straßenverkehr angetroffen wird, wegen Trunkenheit im Verkehr bestraft wird.

Fahrten unter Drogeneinfluss sind inzwischen alles andere als selten, Experten der Polizei gehen davon aus, dass sie im Lauf der letzten Jahre dramatisch zugenommen haben. Und tatsächlich zeigen die Statistiken eine Zunahme an entdeckten Drogenfahrten sowie Unfällen, Verletzten und Toten aufgrund von Drogenfahrten. Vermutlich ist die prozentuale Dunkelziffer für Rauschgift am Steuer immer noch erheblich höher als die ohnehin schon hohe Dunkelziffer für Alkoholfahrten.

Das liegt zum Teil auch immer noch daran, dass Polizisten ebenso wie ihre »Kundschaft« in einer Gesellschaft aufgewachsen sind, die das charakteristische Verhalten eines Betrunkenen sehr gut kennt. Und selbst wenn sich ein alkoholisierter Fahrer trotz erheblicher Promille noch normal und unauffällig geben kann, so verrät ihn der spezifische Alkoholgeruch in den meisten Fällen doch. Und bevor die Polizei eine relativ aufwändige und kostspielige Blutprobe veranlasst, kann sie den durch Ge-

ruch oder sonstige charakteristische Kriterien aufgetauchten
Verdacht mit Hilfe eines Alkomaten ebenso leicht wie zuverlässig erhärten (oder eben entkräften).

Bei den illegalen Rauschdrogen dagegen ist das nicht so einfach, die Verhaltensweisen unter Drogeneinfluss sind je nach
Rauschmittel verschieden, abgesehen vom Haschisch, gibt es
auch keinen verräterischen Geruch. Der Blick des normalen
Streifenpolizisten war für die Erkennung von Drogeneinfluss
lange Zeit nicht besonders geschult. Doch nun hat die Polizei ihr Drogenwissen massiv aufgerüstet, und langsam gibt es
auch praxisreife Methoden, einen vagen Verdacht auf akuten
Drogenkonsum mit einer Art »Drogomat« (z.B. Schweißtest)
schnell, kostengünstig und verlässlich abzuklären.

Grenzwerte

Anders als beim Alkohol gibt es für Konsumenten von illegalen Rauschdrogen keine verbindlichen gesetzlichen Grenzwerte, unterhalb derer eine Fahrt eventuell noch erlaubt wäre.
Eine Fahrt unter Drogeneinfluss ist also grundsätzlich mit
Strafe bedroht, wobei »Drogeneinfluss« in der Rechtspraxis
schlicht bedeutet, dass bei einem Kraftfahrer für den Zeitpunkt
der Fahrt im Blut Drogenwirkstoffe nachweisbar sind. Wohlgemerkt: Wirkstoffe, und nicht bloß (unwirksame) Abbaupro-
dukte, wie Sie nach Drogenkonsum nebenbei auch entstehen.
Allerdings ist es uninteressant, ob Sie selbst die Wirkung des
Drogenwirkstoffes noch spüren oder nicht. Sie erinnern sich
an das Thema »Gewöhnung«: Wer an eine Substanz gewöhnt
ist, spürt deren Wirkung vielleicht nur sehr schwach oder in
der Abbauphase – vielleicht nach ein paar Stunden Schlaf – gar
nicht mehr. Aber es ist wie beim Restalkohol: Wenn der Wirkstoff noch im Körper ist, dann ist auch noch eine Wirkung

vorhanden. Definiert sind allerdings sogenannte Nachweis-grenzen. Das soll sicherstellen, dass nur der sichere Nachweis einer Drogenwirkstoffmenge, die zumindest theoretisch noch eine Wirkung entfalten könnte, zu einer Sanktion führt. Die Wirkung selbst muss Ihnen allerdings nicht nachgewiesen werden! Zusammengefasst:

- Werden unter Drogeneinfluss Ausfallserscheinungen (Fahrfehler) bemerkt, wird die Fahrt als Straftat gewertet. Der Führerschein ist weg, und vor der Führerschein-Neuerteilung ist auf jeden Fall eine medizinisch-psychologische Untersuchung durchzuführen.
- Das gilt auch dann, wenn zwar keine Fahrfehler registriert werden, bei der polizeilichen Kontrolle aber deutliche Anzeichen für Drogeneinfluss entdeckt werden (unklare Sprache, Verwirrtheit etc.)
- Ohne sichtbare Anzeichen für Drogeneinfluss gelten Fahrten unter Drogeneinfluss als Ordnungswidrigkeit und werden behandelt wie Alkoholfahrten zwischen 0,5 und 1,1 Promille.
- Die Polizei meldet den Verstoß jedoch an die Führerscheinbehörde, die weitere Maßnahmen einleiten muss (Drogen-Screening, ärztliches Gutachten oder MPU).

3 Wann muss ich wegen Drogen zur MPU?

Auch wenn – trotz ansteigender Zahlen – immer noch relativ wenige Autofahrer mit Drogen am Steuer erwischt werden, steigt dennoch die Zahl der MPU-Kandidaten mit dem Untersuchungsanlass »Drogen« stetig an. Das liegt an der weitaus strengeren Gesetzeslage und Verwaltungspraxis auf diesem Gebiet.

Während der Trinker – vom durchschnittlichen Alkoholkonsumenten Marke »Gelegentlich ein Bier« bis zum »Kampftrinker Leistungsklasse« – unter dem Schutz des freien Austauschs von Waren und Dienstleistungen steht und erst dann Ärger bekommt, wenn er im Rausch etwas anstellt, steht der Konsu-

> *Es reicht eine Verurteilung – in manchen Fällen sogar ein bloßes Ermittlungsverfahren – wegen Verstoßes gegen das Betäubungsmittelgesetz (BtmG), um bei der Führerscheinbehörde Zweifel an Ihrer Fahreignung zu wecken.*

ment illegaler Rauschdrogen allein wegen des Erwerbs oder Besitzes solcher Drogen mit einem Bein im Gefängnis. Und um speziell in Sachen Führerschein Ärger zu bekommen, ist es für ihn *nicht* erforderlich, dass er unter Drogeneinfluss am Steuer ertappt wird.

Der Hintergrund für diese Praxis ist die Annahme, dass der Konsum illegaler Drogen über kurz oder lang in den meisten

Fällen zum Missbrauch führt, dass Missbrauch zwangsläufig unkontrollierten Konsum nach sich zieht und dass jemand, der seinen Drogenkonsum nicht mehr kontrollieren kann, sehr wahrscheinlich auch mit einiger Regelmäßigkeit unter akutem Drogeneinfluss oder zumindest unter den Nachwirkungen eines Drogenrausches am Straßenverkehr teilnehmen wird (den Ausnahmefall »Cannabis« werden wir noch diskutieren).

Das klingt wie »Wer lügt, der stiehlt, und wer stiehlt, der frisst auch kleine Kinder«, sagen Sie? Nun, sehen wir uns die Praxis etwas genauer an. Selbstverständlich gibt es genügend Drogenkonsumenten (und jeder Gutachter kennt solche), die den festen Vorsatz haben, das Fahren und den Drogeneinfluss strikt zu trennen. Aber kann das auch gelingen? Einige Punkte, die man dabei berücksichtigen sollte, sind nämlich:

- Beim Konsum von illegalen Rauschmitteln fehlt jede Angabe über die Wirkstoffkonzentration (oder hat jemand schon mal eine Ecstacy-Pille eingeworfen mit einer ähnlichen Angabe wie »enthält 5,2 % Vol. Alkohol« auf einer Bierflasche?).
- Der Zusammenhang zwischen der aufgenommenen Wirkstoffmenge und der Stärke und Dauer der Wirkung ist völlig unkalkulierbar (niemand kann vorausberechnen, wann er sich wieder nüchtern fühlt und tatsächlich wieder nüchtern ist).
- Durch die Wirkrichtung einiger Drogen (aufputschend, euphorisierend) wird die Wahrnehmung von Beeinträchtigungen der Konzentrations- oder Reaktionsfähigkeit überdeckt oder sogar ins Gegenteil verkehrt.

Die durch diese Zusammenhänge begründeten behördlichen Eignungszweifel lassen sich dann – wir kennen das von den Alkoholfahrern – nur durch ein positives Gutachten einer amtlich anerkannten medizinisch-psychologischen Untersuchungsstelle ausräumen. Eine Besonderheit beim Untersuchungsanlass »Drogen« besteht darin, dass häufig zunächst nur ein ärztliches Gutachten angeordnet wird. Dies ist vor allem der Fall, wenn

- Verdacht auf Abhängigkeit vorliegt;
- Verdacht auf (aktuelle) Drogeneinnahme besteht;
- Verdacht auf Arzneimittelmissbrauch besteht;
- widerrechtlicher Besitz von Drogen besteht und geklärt werden soll, ob der Besitzer selbst die Drogen konsumiert.

Diese Untersuchung betrifft häufig Führerscheininhaber. Wird bei dieser ärztlichen Untersuchung festgestellt, dass entweder Abhängigkeit oder aktueller Konsum (Ausnahme Cannabis) besteht, wird die Fahrerlaubnis entzogen. Steht die Abhängig-

> *Nachgewiesene Abhängigkeit oder aktueller Konsum von Drogen (außer Cannabis) führt zum Entzug der Fahrerlaubnis.*

keit oder der Konsum ohnehin fest, so wird gleich entzogen, auch ohne ärztliches Gutachten.

Eine MPU wird in erster Linie angeordnet, wenn

- die Fahrerlaubnis wegen Drogen bereits entzogen war (und jetzt neu beantragt wird);
- wenn bei länger zurückliegender Auffälligkeit geklärt wer-

den soll, ob jemand immer noch abhängig ist oder weiter Drogen konsumiert;

- wenn (nur) gelegentlich Cannabis konsumiert wird, aber weitere Tatsachen vorliegen, die Zweifel an der Eignung begründen, und geprüft werden soll, ob der Cannabiskonsument in der Lage ist, Fahren und Cannabiskonsum zu trennen;
- wenn ein vorangehendes ärztliches Gutachten eine MPU zur näheren Aufklärung empfiehlt.

Eine MPU erfolgt also besonders dann, wenn es um die Frage geht, ob die Gründe, die zu einem früheren Zeitpunkt zum Entzug der Fahrerlaubnis geführt haben, noch bestehen.

Der Sonderfall Cannabis

Bei Cannabiskonsum (Haschisch oder Marihuana) liegt die Sache ein kleines bisschen anders als bei den anderen Drogen. Allein der Konsum von Cannabis führt nämlich noch lange nicht dazu, dass die Fahreignung verneint wird.

Insgesamt ist hier ist die Rechtslage ein wenig »günstiger«, dafür aber umso unübersichtlicher, die laufende Rechtsprechung ändert sich häufiger.

Am ehesten lässt sich die Mitte 2007 bestehende Lage bei Cannabis so umreißen:

- Steht von vornherein fest, dass Sie nur einmal oder gelegentlich Cannabis konsumieren, können Sie die Fahrerlaubnis behalten, wenn es sonst keinen Anlass gibt zu befürchten, dass Sie Drogeneinfluss und Fahren nicht trennen können.
- Wenn geklärt werden muss, wie stark Ihr Konsum ist: ärztliches Gutachten.
- Ergebnis des ärztlichen Gutachtens »regelmäßiger aktueller Konsum«: Entzug der Fahrerlaubnis.

- Ergebnis des ärztlichen Gutachtens »früherer regelmäßiger Konsum, aber nicht mehr aktuell«: MPU.
- Ergebnis des ärztlichen Gutachtens »gelegentlicher Konsum« (statt nur einmaliger Konsum): Alles okay, wenn es sonst keinen Anlass gibt zu befürchten, dass Sie Drogeneinfluss und Fahren nicht trennen können. Dabei ist die geltende Rechtslage nun so, dass bei einem Nachweis von weniger als 1ng/ml (Nanogramm pro Milliliter Blut) THC davon ausgegangen wird, dass grundsätzlich keine Zweifel an Ihrem Trennvermögen bestehen. In einem Bereich zwischen 1 und 2 ng/ml ist die Praxis in den verschiedenen Bundesländern uneinheitlich: Mancherorts wird eine MPU angeordnet, in einigen Ländern nicht. Werden mehr als 2 ng/ml nachgewiesen, dann wird die Fahrerlaubnis entzogen.
- Wenn nur gelegentlicher Konsum, aber befürchtet werden muss, Sie könnten Cannabis und Fahren nicht trennen: MPU.
- Wenn zwei oder mehr Auffälligkeiten im Verkehr mit Cannabis: unter allen Umständen MPU.
- Ergebnis MPU »kann trennen«: Alles okay.
- Ergebnis MPU »kann nicht trennen«: Entzug der Fahrerlaubnis.
- Ergebnis MPU »will und kann damit aufhören, braucht aber noch Hilfe«: Nachschulungskurs nach §70.

Wie gesagt: nicht ganz unkompliziert. Auf der sicheren Seite sind Sie natürlich immer dann, wenn Sie gar nicht konsumieren oder damit aufhören. Es versteht sich von selbst, dass alle genannten Fragen und Untersuchungen immer im Zusammenhang mit einem Drogentest (Urin-Screening) stehen.

4 Widerspruch ist wenig sinnvoll

Ein formeller Widerspruch gegen die Anordnung einer MPU oder eines ärztlichen Gutachtens ist auch beim Untersuchungsanlass »Drogen« nicht möglich. Das liegt daran, dass diese Anordnung kein »belastender Verwaltungsakt« ist, gegen den man – wie gegen jede Verwaltungsentscheidung – gerichtlich vorgehen könnte. Erst der Versagungsbescheid, mit dem Ihnen die Behörde mitteilt, dass es mit der Wiedererteilung des Führerscheins vorerst nichts wird, wäre so ein »belastender Verwaltungsakt«.

Die Führerscheinstelle hat also nur wenig Entscheidungsspielraum. Wenn sie die Informationen des Gerichts über Ihre Verurteilung oder die Mitteilung der Kripo über das Ermittlungsverfahren gegen Sie erhält, muss sie handeln. Eine ärztliche Untersuchung oder MPU können Sie nur abwenden, wenn Sie von vornherein klarmachen können, dass Sie weder abhängig sind noch Drogen konsumieren (Ausnahme: gelegentlich Cannabis und keine sonstigen »Verdachtsmomente«). Gerade aufgrund der komplizierten Rechtssprechung und MPU-Anordnungspraxis im Drogenfall sind Sie hier sicherlich am besten bei einem in solchen Dingen erfahrenen Rechtsanwalt beraten.

5 Das ärztliche Gutachten

Dieses Gutachten erstellt in der Regel ein Facharzt für Psychiatrie und Neurologie oder auch ein verkehrsmedizinisch geschulter Arzt bei einer medizinisch-psychologischen Untersuchungsstelle, seltener wird ein solches Gutachten an einem rechtsmedizinischen Institut oder beim Gesundheitsamt angeordnet. An einem solchen ärztlichen Gutachten ist kein Psychologe beteiligt, es ist also um einiges billiger als das Komplettprogramm der MPU.

Das ärztliche Gutachten soll anhand harter medizinischer Fakten (Urinprobe, Haaranalyse, körperliche Untersuchung) klären, ob Sie Drogen konsumieren und in welchem Ausmaß. Durch dieses abgestufte Vorgehen will man den Grundsatz der Verhältnismäßigkeit wahren, man möchte Ihnen also Aufwand vermeiden helfen.

Es kann aber in der Folge des ärztlichen Gutachtens noch zusätzlich zu einer MPU kommen. Und dann zahlen Sie natürlich doppelt!

Apropos zahlen: Eine MPU zum Untersuchungsanlass »Drogen« kostet über 500 Euro, inklusive der einmaligen Urinanalyse am Untersuchungstag. Urinanalysen, die Sie vorher machen lassen und mitbringen, kosten extra (etwa 90 bis 120 Euro für die komplette Analyse auf alle Drogen). Gleiches gilt auch für die Haaranalyse (etwa 180 bis 200 Euro).

6 Was erwartet der Gutachter von mir?

Nun, dies an erster Stelle, damit Sie sich keine Illusionen machen:

> *Die MPU-Gutachter erwarten von Ihnen, dass Sie schon geraume Zeit vor der Untersuchung keine illegale Rauschdrogen mehr genommen haben. Eine Ausnahme kann lediglich Cannabis bilden.*

Anders als beim Untersuchungsthema Alkohol gibt es bei den Drogen *keinen* Spielraum für Verhandlungen. So wenig es bei Drogen im Straßenverkehr einen Grenzwert gibt, unterhalb dessen die Verkehrsteilnahme noch erlaubt ist, so wenig gibt es beim Konsum an sich eine Menge, die in der MPU toleriert würde (Ausnahme Cannabis). Es geht einzig um die Frage, ob die geforderte und von beinahe jedem eindringlich behauptete Drogenabstinenz *glaubhaft* ist.

Die Anforderungen hängen vom Konsumententyp ab

Wenn es heißt, man fordere von Ihnen eine »schon geraume Zeit« dauernde Drogenabstinenz, dann muss der Begriff »geraume Zeit« natürlich näher erläutert werden. Was darunter zu verstehen ist, hängt wesentlich von Art und Intensität Ihres früheren Drogenkonsums ab.

Man unterscheidet folgende Konsumententypen:

- den *Probierer* oder *gelegentlichen Konsumenten* von Cannabis, der nicht mehr als zwei- bis dreimal die Woche konsumiert und dies noch nicht gewohnheitsmäßig macht;

- den *Probierer* oder *gelegentlichen Konsumenten* von »harten Drogen« (das ist alles außer Cannabis!);
- den *Drogenmissbraucher*, also den schon relativ erfahrenen Drogenkonsumenten, der mehr oder weniger regelmäßig eine oder mehrere Drogen konsumiert, noch nicht im strengen Sinne drogenabhängig ist, aber erste Probleme zu Hause oder in der Arbeit hat;
- den *Drogenabhängigen*, der Konsum und Missbrauch soweit getrieben hat, dass er nicht mehr ohne große Anstrengung (meistens nur noch mit fremder Hilfe) aus dem Drogenkreislauf herausfindet.

Der aufmerksame Leser wird bei dieser Aufzählung den schlichten *Drogenkonsumenten* vermissen, das Pendant zum kontrollierten Genusstrinker. Den gibt es natürlich, klar, der ist aber in einer Gesellschaft wie unserer, die nie Gelegenheit hatte, eine Haschisch-, Opium- oder Kokainkultur zu entwickeln (so wie sie eine Alkoholkultur entwickelt hat), ein ziemlich seltener Vogel. Sollten Sie, gerade Sie, eines dieser raren Exemplare sein, dann kann ich Ihnen nur raten, bei der MPU auf diesem Punkt nicht zu beharren. Dass Sie Drogen souverän und kontrolliert konsumieren können, werden Sie einem – noch dazu berufsmäßig misstrauischen – fremden Menschen kaum plausibel machen können.

Je intensiver der Konsum, desto länger die Abstinenz

Vom *Probierer* wird man keine allzu lange Zeit der Abstinenz fordern, einige Monate – die Zeit zwischen der polizeilichen Auffälligkeit und dem Termin der MPU – sollten genügen. Beim Cannabiskonsumenten ist gar keine Abstinenz erforderlich, wenn er Fahren und Cannabiskonsum trennen kann.

Wem in dieser frühen Phase der möglichen Drogenkarriere bereits auf die Finger geklopft wurde, der hat noch keine so eingeschliffenen Gewohnheiten entwickelt, dass er sich mühsam daraus befreien müsste.

Der *Drogenmissbraucher* muss eine mindestens einjährige strikte Drogenabstinenz nachweisen können (zur Nachweismethode später mehr). Er hat die Droge(n) ganz offensichtlich kennen und schätzen gelernt, sonst hätte er sie nicht über einen längeren Zeitraum hinweg konsumiert. Er hat die Droge geliebt, sonst hätte er nicht so viel Geld für ihren Erwerb aufgewendet, hätte nicht für sie seine bürgerliche Unbescholtenheit aufs Spiel gesetzt. Er wird sich nicht mit einem lockeren Fingerschnippen von heute auf morgen und völlig problemlos von dieser lieb gewordenen Gewohnheit trennen können. Er wird um die Abstinenz kämpfen müssen. Bei ihm wird man mindestens ein Jahr warten, ehe man die bestehende Abstinenz als hinreichend zuverlässig und stabil werten kann.

Vom *Drogensüchtigen* wird man noch ein bisschen mehr erwarten. Süchtige, gleich welcher Art, können sich – das lehrt lange Erfahrung – in den seltensten Fällen ganz allein auch langfristig zuverlässig von ihrer Sucht befreien. Der Drogensüchtige sollte deshalb eine Drogentherapie gemacht haben, vorzugsweise stationär, gegebenenfalls auch ambulant, auf jeden Fall aber sollte er *längerfristig und regelmäßig* eine Drogenberatungsstelle und/oder eine Selbsthilfegruppe besucht haben, bevor er zur MPU antritt. Die einjährige Abstinenzdauer versteht sich nach dem zuvor Gesagten von selber, wobei nach einer stationären Drogentherapie eine einjährige »Abstinenz in der freien Sozialgemeinschaft« gefordert wird. Sie müssen also ein Jahr *nach* Beendigung Ihrer Drogentherapie abstinent geblieben sein.

»Ein Jahr« heißt natürlich nicht stumpf und stur 365 Tage, sondern »ungefähr ein Jahr«. Wenn Sie elf Monate nach dem nachweislichen Beginn Ihrer Abstinenz zur MPU erscheinen, wird man Ihnen das nicht ankreiden – es sei denn, Sie geraten an einen stumpfen und sturen Gutachter; die gibt es auch.

Sie erhalten das gewünschte positive Gutachten dann und nur dann, wenn Sie diese Bedingungen nicht nur erfüllt haben, sondern sie auch im psychologischen Untersuchungsgespräch glaubhaft machen und durch die medizinischen Befunde bestätigen können.

Harte Fakten, die für Sie sprechen, sollten Sie auch belegen. Wenn Sie an einer Drogentherapie teilgenommen haben, dann bringen Sie zur Untersuchung den Entlassungsbericht der Drogenklinik mit oder reichen ihn später nach. Waren Sie bei einer Beratungsstelle, dann lassen Sie sich die Gespräche dort ebenfalls bestätigen. Bei Selbsthilfegruppen ist es mitunter problematisch, da manche von ihnen keine Bescheinigungen ausstellen. Macht nichts, der MPU-Gutachter weiß das. Was Sie aber belegen können, das sollten Sie in jedem Fall auch belegen.

Das drogenfreie Jahr und seine Konsequenzen

Aus dem bisher Gesagten folgt: Ein Antritt zu einer Begutachtung ist sinnlos für Personen, die mehr als nur Cannabiskonsumenten waren und noch aktuell Drogen konsumieren. Nach Abhängigkeit ist es sinnlos, wenn am Tag der Untersuchung der letzte Drogenkonsum noch deutlich weniger als ein Jahr zurückliegt.

Wenn Sie Führerscheininhaber sind und Ihnen die Behörde ohne Untersuchung mit dem sofortigen Entzug droht, dann sind Sie natürlich in einer Zwickmühle. Geht es lediglich um einige Wochen, um zwei oder drei Monate, die Ihnen zum drogenfreien Jahr fehlen, dann sollten Sie auf Zeit spielen und das Drohinstrumentarium der Behörde vor dem tatsächlichen Entzug über sich ergehen lassen.

Das heißt, Sie melden sich bei der Untersuchungsstelle Ihrer Wahl an, machen Terminschwierigkeiten beruflicher oder sonstiger Art geltend und versuchen, einen möglichst späten Termin zu bekommen. Haben Sie bereits nachweislich einen Ter-

> *Vorsicht! Termine bei der MPU immer einige Tage vorher und am besten mit Entschuldigungsgrund absagen! Wenn Sie einfach nicht erscheinen, wird die gesamte Gebühr fällig.*

min vereinbart, wird die Behörde in der Zeit bis zum Termin den Führerschein nicht entziehen können. Lassen Sie sich einen guten (notfalls auch attestierbaren) Grund einfallen, warum Sie diesen ersten Termin platzen lassen müssen.

7 Die Besonderheiten der Drogen-MPU

Wer wegen Alkoholauffälligkeit zur MPU muss, kommt in den meisten Fällen als Führerscheinbewerber zur Untersuchung, sein Führerschein ist längst entzogen, er will seinen Führerschein wiederhaben.

Der Drogen-Klient hingegen geht sehr häufig zumindest in die ärztliche Untersuchung, aber auch zur »echten« MPU als Führerscheininhaber. Das gerichtliche Verfahren wegen eines Verstoßes gegen das Betäubungsmittelgesetz führt als solches zwar zu Geldstrafen, vielleicht auch Gefängnis (mit oder ohne Bewährung), relativ selten aber direkt zum Führerscheinentzug.

Beim Untersuchungsanlass »Drogen« hatte der MPU-Gutachter bis vor kurzem nur zwei Entscheidungsmöglichkeiten: »Fahreignung positiv« oder »negativ«. Der beim Thema »Alkohol« und »Punkte« manchmal für beide Seiten so bequeme dritte Weg der Kurszuweisung war hier nicht möglich, allerdings waren die Dinge während der Erstellung dieses Buches im Fluss, und Kursmodelle namens »DRUGS« und »SPEED-02« wurden in den ersten Bundesländern gerade anerkannt. Sehr wahrscheinlich wird es, wenn Sie dieses Buch in der Hand halten, bereits Kursmöglichkeiten in ganz Deutschland geben. Im Anhang haben wir Informationen zu den Drogenkursen und ihren Anbietern aufgenommen.

Eine weitere Besonderheit: Bei der Drogenfragestellung hat – zumindest theoretisch – nicht der Psychologe, sondern der Arzt die Federführung. Die Praxis in vielen Untersuchungsstellen hat jedoch gezeigt, dass oft der Psychologe die Hauptarbeit machen und die letzte Entscheidung treffen muss.

8 Der Ablauf der Drogen-MPU

Im Prinzip läuft die Drogen-MPU nicht viel anders ab als jene für die Trunkenheitsfahrer. Wie dort besteht auch hier die Untersuchung aus vier Teilen: Fragebögen, Leistungstests, medizinische Untersuchung und psychologisches Untersuchungsgespräch.

Die Fragebögen

Die Fragebögen sind großenteils die gleichen wie bei den anderen sogenannten Täter-Anlässen, also Trunkenheitsfahrern und Punktetätern. Es geht in allen Fällen um allgemeine Angaben zu Ihrer Biografie. Darüber hinaus werden Sie einen, in manchen Untersuchungsstellen auch mehrere Fragebögen zum Thema »Drogen« beantworten müssen. Die Fragen sind recht konkret, es geht um den Zeitpunkt Ihres ersten und letzten Drogenkonsums, die Art der jemals von Ihnen konsumierten Drogen, Ihre Gefühle beim ersten Drogenkonsum, Ihre Erlebnisse beim Drogenrausch und überhaupt um die Bedeutung, die die Drogen für Sie hatten (haben?).

Beim Ausfüllen der Fragebögen ist das einfachste und für ein positives Untersuchungsergebnis sicherlich effektivste Vorgehen die Wahrheit – vorausgesetzt, Sie haben im Hinblick auf Ihren Drogenkonsum ein gutes Gewissen (was bedeutet, dass Sie bereits seit geraumer Zeit keinerlei illegale Rauschdrogen mehr konsumiert haben).

Sollten Sie sich – aus welchem Grund auch immer – entschließen, ein wenig (oder ein bisschen mehr) zu schwindeln, dann müssen Sie auf jeden Fall darauf achten, dass alles, was Sie hinschreiben,

- den aus den Akten bekannten Tatsachen genau entspricht,
- in sich widerspruchsfrei ist und
- sehr genau mit dem übereinstimmt, was Sie wenig später sowohl dem Arzt als auch dem Psychologen im Gespräch erzählen werden.

Das – drücken wir es einmal vornehm aus – kreative Erstellen einer ganz persönlichen Variante der Realität ist eine äußerst schwierige und riskante Angelegenheit und kann nur bei sehr guter Vorbereitung gelingen. Alles, was man sagt, muss in sich stimmig sein, es muss aber auch mit den dem Fragesteller bekannten Fakten in Einklang stehen. Wenn Sie sich nicht absolut sicher sind, dass Sie diesen Drahtseilakt souverän beherrschen, sollten Sie besser die Finger davon lassen. Ehrlich!

Die Leistungstests

Was die Einzelheiten der Leistungstests betrifft, möchten wir Sie auf das entsprechende Kapitel im Teil II verweisen. Viele Begutachtungsstellen legen den »Alkoholtätern« zunächst einmal lediglich einen einzigen Test vor. Ergänzungstests werden erst dann nachgeschoben, wenn das Ergebnis des Standardtests den Psychologen nicht recht befriedigen kann. Ihnen als »Drogentäter« wird man möglicherweise von Anfang an eine Serie von drei oder vier Tests vorlegen.

Lassen Sie sich von diesen Tests nicht ins Bockshorn jagen; sie sind schwierig, das ist richtig, die Anforderungen, die man an Sie als ganz normalen Autofahrer stellt, sind aber recht gering. Wenn sonst alles stimmt, wenn das psychologische Untersuchungsgespräch zur Zufriedenheit verläuft, wenn der medizinische Untersuchungsbefund okay ist, dann wird man Sie wegen der mangelhaften Leistungstests allein kaum durchfallen lassen können. Im schlimmsten Fall würde man dann eine Fahrverhaltensprobe ansetzen, um auf diese – recht zuverlässige – Art und Weise abzuklären, ob sich die Leistungsmängel im Test auch im praktischen Fahrverhalten auswirken oder nicht.

Medizinische Untersuchung, Urinprobe und Haaranalyse

Spätestens bei der medizinischen Untersuchung wird es für Sie nun wirklich ernst. Beim Untersuchungsanlass »Drogen« spielt der medizinische Teil eine wesentlich wichtigere Rolle als beim Untersuchungsanlass »Alkohol«. Im letzteren Fall genügt von medizinischer Seite die *negative* Plausibilität: Der Arzt ist bereits zufrieden, wenn durch seine Befunde die behauptete Umkehr bezüglich Alkoholkonsum oder -missbrauch *nicht* widerlegt wird. Bei der Drogenfragestellung hingegen besteht man auf einem *positiven* Beweis für Ihre langfristige Abstinenz.

Bei der groborganischen Untersuchung interessiert sich der Arzt sehr genau für Anzeichen, die auf früheren, vor allem aber auf derzeitigen Drogenkonsum schließen lassen: enge oder auffallend weite Pupillen zum Beispiel, Hautverfärbungen und natürlich Einstichstellen.

Klar, dass Sie mit einem Unterarm voll frischer Einstichstellen bei der MPU gar nicht zu erscheinen brauchen; es sei denn, Sie können diese Einstichstellen anderweitig plausibel erklären und belegen, zum Beispiel durch eine intensive ärztliche Behandlung in letzter Zeit.

Was beim Alkohol die Leberwerte sind, das sind bei den Drogen *Urinprobe* und *Haaranalyse*.

Die Urinprobe

Beim Untersuchungstermin müssen Sie eine Urinprobe abgeben. Wenn Sie bereits ein ärztliches Laborattest über früher abgegebene Urinproben mitbringen, dann ist das eine feine und wichtige Sache (darüber gleich mehr), die Urinprobe vor Ort können Sie damit aber nicht umgehen. Auch dann nicht, wenn das mitgebrachte Attest von gestern ist.

»Urinprobe vor Ort« heißt, Sie müssen im Beisein des Arztes oder Psychologen, gegebenenfalls auch einer Hilfskraft in einen Plastikbecher urinieren. »Im Beisein« heißt nicht, dass diese Zeugen einfach nur auf der Toilette mit anwesend sind und während Ihrer Bemühungen Ihren Rücken betrachten. Der Zeuge will – nein: *muss* – sehen, wie sich der Urin aus Ihrem Körper in den Plastikbecher ergießt.

Der Grund ist der, dass man Manipulationen vorbeugen möchte. Es hat Leute gegeben, die in der Hose einen Beutel körperwarmen Urin hatten, den sie dann mit einem dezent am Penis entlanglaufenden Plastikschlauch in den Becher entleerten.

Üblicherweise wird eine Person Ihres Geschlechts die Urinprobe überwachen müssen! Allenfalls der Arzt (die Ärztin) selbst wird beim Urintest einer andersgeschlechtlichen Person dabei sein. Bestehen Sie auf einer Person Ihres Geschlechtes, wenn Sie das so möchten.

Das Wasserlassen selbst kann unter den geschilderten Umständen leicht zum Problem werden. Auf Kommando und dann noch unter Beobachtung zu urinieren ist nicht jedermanns Sache.

Dazu zwei nützliche Tipps:

• Erhöhen Sie die Spannung! Lassen Sie auf dem Weg zur Untersuchungsstelle das Bahnhofsklo oder das Pissoir an der

Autobahnraststätte links liegen, gehen Sie vor der MPU nicht mehr aufs Klo. Machen Sie notfalls schon bei der Anmeldung die Hilfskraft darauf aufmerksam, dass Sie jetzt »könnten«.

- Dopen Sie sich! Trinken Sie vorher viel. Wasser ist nicht schlecht, Tee oder Kaffee ist besser, am besten ist ein harntreibender Tee aus dem Reformhaus, den Sie bei längerer Anfahrt in der Thermoskanne mitnehmen können.

Aber Vorsicht! Schütten Sie nicht maßlos Unmengen von Flüssigkeit in sich hinein. Besonders Schlaue versuchen immer wieder, durch hohe Flüssigkeitsaufnahme ihren Urin so weit zu verdünnen, dass eventuell darin vorhandene Drogenspuren nicht mehr nachweisbar sind. Das funktioniert, und weil es funktioniert, wird bei der Urinanalyse auch der sogenannte Kreatininwert bestimmt. Dieser Wert gibt Aufschluss über eine mögliche Verdünnung des Urins. Ist er zu niedrig, verliert die Urinprobe ihre Aussagekraft. Im günstigsten Fall müssen Sie dann nochmals zur Urinprobe erscheinen (mit zusätzlichen Fahrt- und Laborkosten), im ungünstigsten Fall schreiben Ihnen die MPU-Gutachter ein negatives Gutachten, weil ein wichtiger Befund nicht zu erheben war.

Wenn Sie irgendwann im Lauf Ihres Aufenthalts bei der Untersuchungsstelle zum Wasserlassen bereit sind, machen Sie einen der Mitarbeiter darauf aufmerksam. Genieren Sie sich nicht, man kennt dort die Probleme. Wenn dann immer noch nichts geht, bitten Sie den Zeugen, den Wasserhahn aufzudrehen…

Der Inhalt des Bechers – man braucht nicht viel, ein oder zwei Schnapsgläser voll – wird in Röhrchen gefüllt, die dann in einem medizinischen Labor untersucht werden. Es wird ein sogenanntes polytoxikologisches Drogen-Screening durchgeführt. Man sucht also nach allen gängigen Drogen inklusive suchtgefährlicher Medikamente (Schlaf-, Schmerz- und Beruhigungsmittel).

Sollte das Ergebnis der Urinanalyse positiv sein, dann wäre das ausgesprochen negativ für Sie. Naturwissenschaftler verstehen unter positiven Befunden nicht solche Befunde, die ihnen Freude bereiten, sondern sie meinen damit, dass der Befund etwas ergibt.

Eine positive Urinanalyse bedeutet demnach, dass im Urin mindestens eine der fraglichen Drogen nachweisbar war. Man

---

Lassen Sie sich prinzipiell und in jedem Fall das MPU-Gutachten direkt zusenden, und entscheiden Sie erst dann über eine mögliche Weitergabe an die Behörde.

Geben Sie negative Gutachten nicht an die Behörde weiter. Wie alle anderen Unterlagen gelangt es in Ihre Akte und ist damit dem späteren Gutachter zugänglich – wo immer Sie sich zur nächsten MPU anmelden.

---

weiß also, dass Sie in den letzten Tagen oder Wochen vor der Untersuchung Haschisch geraucht, Kokain geschnupft oder Heroin gespritzt haben.

Damit ist alles klar: Das Gutachten fällt negativ aus, ein nächster Versuch ist frühestens in einem Jahr sinnvoll (Sie erinnern sich: die einjährige Abstinenz!).

Ein erneuter Versuch ist tatsächlich frühestens in einem Jahr sinnvoll, wenn Sie das dann notwendigerweise negative Gutachten bei der Behörde abgeben. In diesem Fall weiß die Behörde, weiß vor allem auch der nächste Gutachter, dass Sie zum Beispiel noch im April Zweitausendirgendwann Kokain geschnupft haben. Im November desselben Jahres eine einjährige Drogenabstinenz zu behaupten hieße schon, die Einfalt der Gutachter auf eine sehr harte Probe zu stellen. Es kann nicht oft und eindringlich genug gesagt werden:

Haaranalyse und Urinproben-Messreihe

Eine »saubere« – sprich: negative oder befundfreie – Urinprobe beweist, dass Sie in den letzten Tagen oder Wochen vor der MPU keine der fraglichen Drogen genommen haben. Das immerhin, aber auch nicht mehr als das.

Dem MPU-Mediziner ist das nicht genug. Nach einwandfreiem Befund über den momentanen Nichtkonsum von Drogen wird er von Ihnen einen Nachweis des drogenfreien Jahres verlangen.

Der beste Nachweis ist eine Reihe von Messergebnissen, die sich über das fragliche Jahr erstreckt. Das heißt, Sie bringen zur MPU die Ergebnisse von mindestens vier (einwandfreien) Urinproben mit.

Folgende Bedingungen sind zu beachten:

- Die Urinproben müssen von einem Arzt mit besonderen Kenntnissen der Beurteilungskriterien, vom Gesundheitsamt oder gleich von einer medizinisch-psychologischen Untersuchungsstelle genommen werden.
- Es muss sich um eine sogenannte polytoxikologische Untersuchung handeln, die verschiedene Substanzen umfasst.
- Die Proben müssen unter Sichtkontrolle genommen werden.
- Der Kreatininwert muss bestimmt werden.
- Die Probe muss mit zwei voneinander unabhängigen Methoden bestimmt werden.

- Die Laborbefunde müssen die Grenzwerte und die Analyseverfahren benennen.
- Sie müssen in unregelmäßigen Zeitabständen genommen werden; der Arzt oder das Gesundheitsamt soll Sie dabei mit nur wenigen Tagen Vorwarnzeit zum Termin bestellen.

Dass diese Bedingungen erfüllt worden sind, sollte aus der Bescheinigung hervorgehen, sonst besteht die Gefahr, dass die Analyse bei der MPU nicht anerkannt wird. Deshalb der Tipp: Erkundigen Sie sich vorher sehr genau über die Qualität und die Kenntnisse des Arztes. Im Zweifelsfall lassen Sie die Analysen lieber bei einer Begutachtungsstelle durchführen.

Können Sie diese Messreihe nicht beibringen, weil Sie vielleicht zu spät von dieser Möglichkeit erfahren haben, dann kommt noch eine Haaranalyse in Frage.

Ein Büschel Haare wird – ebenfalls von einem Arzt oder von einem Mitarbeiter des Gesundheitsamts – dicht über der Kopfhaut abgeschnitten und dann in einem Labor untersucht. Je nach Länge der Haare lässt sich Drogenabstinenz über einen längeren Zeitraum nachweisen.

Besondere Schlauberger versuchen immer wieder, mit extra kurzen Haaren zu erscheinen, was eine Haaranalyse natürlich unmöglich oder kaum aussagekräftig macht. Die Folge davon ist: Das Gutachten fällt negativ aus, weil ein wichtiger Befund nicht zu erheben war. Der Trick ist also nicht empfehlenswert.

Eine Reihe von sechs über ein Jahr verteilten Urinproben ist sicherlich die beste und aussagekräftigste Nachweismethode, aber auch die teuerste.

Entscheiden müssen Sie selber. In den meisten Fällen wird Ihnen bei einer Erstbegutachtung die Entscheidung ohnehin durch die bereits verstrichene Zeit abgenommen.

Das psychologische Untersuchungsgespräch

Wenn Sie es bisher noch nicht getan haben, dann sollten Sie sich jetzt daran machen, die Kapitel über das psychologische Untersuchungsgespräch beim Untersuchungsanlass »Alkohol« sehr aufmerksam zu lesen. Was dort gesagt wurde, gilt in wesentlichen Teilen auch für drogenauffällige Kraftfahrer.

Der Gutachter weiß viel über Sie

Machen Sie sich klar, dass dem Psychologen auf jeden Fall das Gerichtsurteil oder der Strafbefehl bekannt ist, dass er mit einiger Wahrscheinlichkeit auch über Auszüge aus den Ermittlungsakten der Polizei verfügt. Er weiß also in aller Regel relativ viel über Ihre Drogenvergangenheit.

Stellen Sie sich darauf ein, versuchen Sie auf gar keinen Fall, sich in Bezug auf Drogen harmloser darzustellen, als Sie es plausiblerweise sein können. Versuchen Sie nicht, die Rolle des bloßen Probierers zu spielen, wenn die Fakten dagegensprechen.

Ein Heroinkonsument wird in aller Regel kein Probierer sein, ganz besonders dann nicht, wenn er Heroin bereits *gefixt* hat. Schon der bloße Erwerb von Heroin setzt eine erhebliche Vertrautheit mit der Drogenszene voraus (weil man anders an das Zeug gar nicht rankommt). Das Spritzen des Rauschmittels in die Vene setzt außerdem ein gewisses Know-how voraus. Heroinkonsumenten haben zudem oft eine ansehnliche Drogenkarriere hinter sich, bis sie sich an das »weiße Pulver« wagen. Fixer sind keine Anfänger!

Die Geschichte vom Probierer ist auch dann absolut unglaubwürdig, wenn Sie bereits zweimal (oder öfter) wegen irgendwelcher Verstöße gegen das Betäubungsmittelgesetz Ärger mit Polizei und Justiz hatten. Ein Probierer, der außer Neugier eigentlich (noch) keine Beziehung zum Stoff hat, lässt künftig die Finger davon, wenn ihm gleich bei den ersten »Experimenten« mit der Droge die Polizei dazwischenfährt. Lässt er es nicht, zeigt er damit seine große Vorliebe für den Stoff.

Gleiches gilt, wenn Ihnen der Umgang mit mehr als einer Rauschdroge nachgewiesen wurde oder wenn damals Rauschmittel in erheblicher Menge bei Ihnen gefunden wurden, wenn Rauschmittelutensilien (Haschpfeife mit Cannabisanhaftungen, Spritze mit Spuren etc.) in Ihrem Besitz waren. Und wenn Sie nach einer Drogentherapie wieder rückfällig geworden sind, ist für den Gutachter sowieso alles klar.

Versuchen Sie gar nicht erst, irgendetwas aus Ihrer Drogenvergangenheit herunterzuspielen. Versuchen Sie nicht, sich als Probierer darzustellen, wenn Sie keiner mehr sind, sparen Sie sich die Geschichte vom Gelegenheitskonsumenten, wenn die bekannten Fakten einfach dagegensprechen.

Blicken Sie nach vorne!

Entscheidend für den Erfolg einer MPU ist auch hier nicht die Vergangenheit, sondern letztlich die Gegenwart und die mögliche Zukunft.

Selbst wenn Sie wegen Verstößen gegen das Betäubungsmittelgesetz eine Haftstrafe abgesessen haben, selbst wenn Sie bereits zwei Entziehungskuren hinter sich haben, weil Sie nach der ersten bald wieder rückfällig wurden – entscheidend wird immer sein, wie Sie *jetzt* dastehen in Bezug auf Drogen.

Wenn Sie Ihre Drogenvergangenheit zum Zeitpunkt der Untersuchung wirklich hinter sich gelassen haben, werden Sie dem Gutachter eine ganze Menge Geschichten erzählen können. Wenn Ihre persönlichen Drogenerfahrungen aber noch bis in die Gegenwart reichen, sollten Sie sich wirklich überlegen, ob sich Aufwand und Kosten einer MPU für Sie rentieren.

VI Der Untersuchungsanlass »Verkehrsrechtliche Verstöße«

Dass sich der »Testknacker« früher einmal um das Thema der verkehrsrechtlichen Verstöße herumgedrückt hat, hat einen einfachen Grund: Es ist ungemein schwierig.

Schwierig ist dieser Anlass nicht nur für den psychologischen Gutachter, der sich hier mit einer noch viel größeren Bandbreite an Fehlverhalten auseinandersetzen muss. Schwierig ist es auch für die Autoren eines Ratgebers, und zwar deshalb, weil die Vielschichtigkeit des Themas natürlich auch »guten Rat« nicht unbedingt einfacher macht.

Andererseits gewinnt das Thema an Bedeutung, ist doch die Zahl der Punkteeintragungen in Flensburg tendenziell steigend (auch hier sind übrigens die Männer ganz weit führend). Zudem kann man in der Praxis feststellen, dass gerade im Punktebereich viel Unwissen herrscht – zum Beispiel über die Möglichkeiten, Punkte abzubauen. In die vorliegende überarbeitete Ausgabe des »Testknacker« wurde deshalb ein Kapitel »Vorbeugung durch Punkteabbau« aufgenommen. So wird es vielleicht manchem erspart, sich mit den daran anschließenden Abschnitten zur MPU wegen Punkten überhaupt zu beschäftigen …

1 Möglichkeiten, den Führerschein zu verlieren

Ganz ohne Alkohol und Drogen können Sie Ihren Führerschein besonders dann verlieren, wenn Sie entweder
- im Straßenverkehr eine Straftat begangen haben oder
- erhebliche oder wiederholte Verkehrszuwiderhandlungen begangen haben oder
- 18 Punkte oder mehr im Verkehrszentralregister (VZR) des Kraftfahrtbundesamtes (KBA) in Flensburg gesammelt haben.

Eine *Straftat* ist eine rechtswidrige Handlung, die gerichtlich verfolgt wird und mit Geldstrafe oder Gefängnis bestraft werden kann.

Eine *Ordnungswidrigkeit* ist ebenfalls eine rechtswidrige Handlung, die jedoch nur mit einer Geldbuße geahndet wird und – anders als die Straftat – nicht von der Staatsanwaltschaft verfolgt wird, sondern von der zuständigen Verwaltungsbehörde.

Verkehrsstraftaten werden im Verkehrszentralregister und, sofern das Strafmaß 90 Tagessätze überschreitet, zusätzlich im Führungszeugnis verzeichnet, Ordnungswidrigkeiten dagegen nur im Verkehrszentralregister.

Verkehrsstraftaten

Verkehrsstraftaten, deretwegen Sie Ihren Führerschein verlieren (können), sind unter anderem:
- *Unerlaubtes Entfernen vom Unfallort (»Unfallflucht«)*
  In der Mehrzahl der Fälle von Unfallflucht, die unmittelbar

danach noch aufgeklärt werden können, stellt sich Alkohol am Steuer als Grund für die Unfallflucht heraus.

• *Fahren ohne Fahrerlaubnis*

Bei Fahren ohne Fahrerlaubnis werden Sie natürlich Ihren Führerschein, den Sie ja gerade nicht haben, nicht verlieren, aber es wird meist eine isolierte Führerscheinsperre ausgesprochen.

• *Fahrlässige Körperverletzung*

Fahrlässige Körperverletzung führt nicht zwangsläufig zum Führerscheinentzug, das hängt von der Art Ihres Verstoßes ab.

• *Fahrlässige Tötung*

• *Straßenverkehrsgefährdung*

Das kann ein riskanter Überholvorgang oder sonst ein grober Verstoß sein, der zum Unfall oder zu einer konkreten Gefährdung geführt hat.

• *Nötigung*

Das ist zum Beispiel der Fall, wenn Sie von hinten drängeln und aufblenden, aber auch der umgekehrte Fall: sich vor einen anderen Wagen setzen und ihn durch unangemessenes, provokatives Bummeln zum Langsamfahren zwingen.

• *Gefährlicher Eingriff in den Straßenverkehr*

Der zuletzt geschilderte Fall wird ganz schnell zu einem gefährlichen Eingriff, wenn Sie durch eine unnötige Vollbremsung Ihren Hintermann in eine bedrohliche Lage bringen.

• *Urkundenfälschung*

Urkundenfälschung begehen Sie zum Beispiel, wenn Sie an Ihrem Kennzeichen herummanipulieren. Was viele Lkw-Fahrer nicht wissen: Auch das Manipulieren am Fahrtenschreiber ist keine Ordnungswidrigkeit mehr, sondern bereits eine Straftat.

Punkte sammeln

Ihre »Flensburger Punkte« können Sie auf die unterschiedlichste Art bekommen, nämlich

- durch Geschwindigkeitsüberschreitungen (mit rund 55 Prozent der Eintragungen die weitaus »beliebteste« Methode);
- durch Überfahren von Stopp-Schildern und roten Ampeln;
- durch verbotswidriges Überholen;
- durch Nichteinhalten des Mindestabstands;
- durch Benutzen des Standstreifens auf der Autobahn;
- durch Fahrzeugmängel (etwa abgefahrene Reifen, schlecht funktionierende Bremsen, ausgefallene Blinklichter usw.).

Die Liste ist lang, und sie ist bei weitem noch nicht vollständig. Die Nichtbeachtung von Verkehrsvorschriften bringt Ihnen dann Punkte in Flensburg ein, wenn das Bußgeld 40 Euro oder mehr beträgt. Darunter bleibt es bei einem Bußgeld.

Bis vor wenigen Jahren war es noch so geregelt, dass Ihnen beim Erreichen der 18 Punkte meist nur dann der Führerschein entzogen wurde, wenn Sie diese 18 Punkte innerhalb von zwei Jahren gesammelt hatten. Ansonsten schickte Sie die Führerscheinbehörde zuerst zur MPU. Bekamen Sie ein negatives Gutachten, wurde der Führerschein entzogen, bei einem positiven Gutachten konnten Sie den Lappen behalten.

Negative Gutachten waren damals bei diesem Untersuchungsanlass relativ selten, die Positivquote war bei Führerscheininhabern über 50 Prozent. Diese relativ milde Beurteilung lag wohl auch daran, dass es psychologisch sehr viel leichter ist, einem etwas zu verweigern, was er nicht hat, als ihm etwas zu nehmen, worüber er noch verfügt.

Heute ist das anders: Bereits beim Vorliegen von »erheblihen oder wiederholten Verstößen gegen verkehrsrechtliche Vorschriften oder bei Straftaten, die im Zusammenhang mit dem Straßenverkehr oder im Zusammenhang mit der Kraftfahrereignung stehen oder bei denen Anhaltspunkte für ein hohes

> *Tipp: Man kann durchaus einiges dagegen tun, damit es gar nicht zu 18 Punkten kommt – auch wenn sich schon einiges angesammelt hat. Lesen Sie im Abschnitt »Vorbeugung durch Punkteabbau« dieses Kapitels nach, welche Möglichkeiten zum Punkteabbau es gibt.*

Aggressionspotenzial bestehen« (so der Gesetzestext unter §11 der Fahrerlaubnisverordnung) kann eine MPU angeordnet werden, ebenso bei erheblichen Straftaten unter Verwendung eines Kfz. Und wenn mit 18 Punkten der Führerschein sicher weg ist, steht vor der Neuerteilung hundertprozentig eine MPU.

2 Der Ablauf der Punkte-MPU

Wenn zu Ihren verkehrsrechtlichen Auffälligkeiten keine Alkoholfahrten dazugekommen sind, dann werden Sie möglicherweise das Buch bis zu diesem Kapitel überblättert haben, um sich gleich den speziell für Sie geschriebenen Teil des »Testknackers« vorzunehmen. Ein solches Vorgehen ist verständlich, aber falsch. Wir möchten Ihnen eindringlich empfehlen, die Kapitel über die MPU für Alkoholtäter sehr aufmerksam durchzulesen.

In diesen Kapiteln finden Sie, auch wenn manches auf Sie nicht oder nur in abgewandelter Form zutrifft, sehr wichtige Informationen über

- die rechtlichen Rahmenbedingungen der MPU,
- die wichtigsten juristischen Begriffe, die hier eine Rolle spielen,
- die Chancen seriöser verkehrspsychologischer Maßnahmen und die Risiken unseriöser Schulungsanbieter,
- den Ablauf der MPU,
- ihre einzelnen Bestandteile,
- das Frageinteresse der Gutachter,
- Ihre optimale Grundhaltung während der Untersuchung,
- die Bedeutung des Gutachtens und
- den Umgang mit dem fertigen Gutachten.

Auch beim Untersuchungsanlass »Verkehrsrechtliche Verstöße« hat der Gutachter seit einigen Jahren die Wahl zwischen drei Entscheidungsalternativen:

1. Er kann ein »positives Gutachten« schreiben, in dem er zu dem Schluss kommt, dass die Eignungsbedenken der zustän-

digen Verwaltungsbehörde nunmehr als ausgeräumt gelten können, Sie also Ihren Führerschein wieder bekommen können.

2. Er kann sich jedoch auch für ein »negatives Gutachten« entscheiden, in dem es heißt, dass die Eignungsbedenken der Behörde nicht zerstreut werden konnten, dass vielmehr weiterhin zu erwarten sei, dass Sie erheblich oder wiederholt gegen verkehrsrechtliche Bestimmungen verstoßen würden.

3. Darüber hinaus kann Ihr Gutachten aber auch in eine »Kursempfehlung« münden: Der Gutachter ist der Überzeugung, dass momentan, zum Zeitpunkt der Begutachtung, die behördlichen Eignungsbedenken zwar weiter bestehen, dass diese Eignungsmängel sich jedoch im Rahmen eines »Kurses zur Wiederherstellung der Kraftfahreignung« beheben lassen. Was Ihre Vorgehensweise in so einem Fall betrifft, lesen Sie bitte im Kapitel III (»Nach der MPU«) nach. Alles, was dort für die Kursteilnahme bei alkoholauffälligen Fahrern empfohlen wird, gilt für Sie entsprechend. Eine Liste der Kurse und Ihrer Anbieter finden Sie im Anhang.

Was den Ablauf der MPU beim Anlass »Punkte« betrifft, so unterscheidet er sich in einigen Details von den Prozeduren, die wir für den Untersuchungsanlass Alkohol ausführlich beschrieben haben.

Die Leistungstests

Die Leistungstests, die Sie zu absolvieren haben, werden sich nicht wesentlich von jenen unterscheiden, die man die Trunkenheitsfahrer machen lässt, sie sind hier aber meistens auf ein Minimum reduziert, da sie wenig zur Aufklärung Ihrer Missetaten beitragen können.

Die Tests sind schwierig, die Anforderungen an Sie sind aber gering. Alkohol- oder drogenbedingte Leistungsminderungen sind bei Ihnen nicht anzunehmen, Sie werden höchstwahrscheinlich die Mindestkriterien mit Bravour erfüllen.

Sollten Sie im ersten Durchlauf schlechte oder zumindest zweifelhafte Ergebnisse im Grenzbereich haben, so wird man Ihnen wahrscheinlich Ergänzungstests anbieten. Sollten auch diese unter den Anforderungen bleiben, so wird man Ihnen eine Fahrverhaltensprobe vorschlagen. Dies allerdings nur unter der Voraussetzung, dass Sie in den anderen Teilen der MPU (medizinische Untersuchung und psychologisches Untersuchungsgespräch) zu einer insgesamt positiven Bewertung gekommen sind.

Die medizinische Untersuchung

Die medizinische Untersuchung ist bei Verkehrstätern ein gutes Stück weniger aufwändig, die Untersuchungsgebühren sind deshalb auch um ein Stück niedriger. Wenn in Ihrer Verstoßliste keine Alkoholfahrt oder ein Verstoß gegen das Betäubungsmittelgesetz auftaucht, wird man weder eine Urinprobe nehmen noch die Leberwerte bestimmen. Es besteht kein Verdacht, dass in dieser Hinsicht etwas bei Ihnen nicht stimmen könnte, also darf man auch nicht danach suchen.

Das psychologische Untersuchungsgespräch

Zentraler Punkt, mehr noch als bei den anderen Untersuchungsanlässen, ist für Sie das psychologische Untersuchungsgespräch. Hier sammeln Sie Ihre Pluspunkte – oder eben nicht.

Die allgemeinen Eignungszweifel

Die Führerscheinbehörde hat Sie zur MPU geschickt, weil Ihre Vergangenheit Anlass zu heftigen Zweifeln an Ihrer Fahreignung gegeben hat. Bei der MPU, vor allem im psychologischen Untersuchungsgespräch, geht es darum, diese behördlichen Eignungszweifel auszuräumen. Die Eignungszweifel gründen auf Statistik. Nach allen wissenschaftlichen Untersuchungen nimmt

> *Es geht dem Gutachter nicht darum, Ihnen die Verfehlungen der Vergangenheit noch einmal vorzuhalten. Diese Vergangenheit ist kein Ruhmesblatt für Sie, aber Sie haben die gesetzlich vorgesehenen Strafen dafür bereits bekommen.*

die Wahrscheinlichkeit erneuter Auffälligkeiten mit der Zahl der bereits begangenen Verkehrsverstöße zu. Die Wissenschaft bestätigt hier die allgemeine Lebenserfahrung, die sich nicht nur auf das Verkehrsverhalten bezieht. Wer das Verhalten eines Menschen voraussagen soll, schaut sich am zweckmäßigsten an, was er bisher gemacht hat. Wahrscheinlich wird er das auch in Zukunft so weitermachen.

Veränderungen von alteingeschliffenen Verhaltensweisen sind wahnsinnig schwer, ob es sich nun um Schnellfahren, Rauchen oder Nägelkauen handelt. Aber solche Veränderungen sind möglich. Und der Psychologe sucht in der MPU gründlich nach diesen möglichen Veränderungen.

Er schaut sich Ihre Vergangenheit sehr genau an, weil ihm diese Vergangenheit die wesentlichen Anhaltspunkte für sein Gespräch liefert. Aber er interessiert sich vor allem für das, was Sie aus dieser misslichen Vergangenheit gelernt haben.

3 Offenheit ist angesagt

Es bringt Ihnen überhaupt nichts, wenn Sie im Untersuchungsgespräch versuchen, Ihre Vergangenheit nachträglich noch
reinzuwaschen. Stehen Sie zu den Verstößen, die Sie begangen
haben! Bagatellisieren Sie nichts, beschönigen Sie nichts. Die
Gerichts- oder Verwaltungsverfahren sind längst abgeschlossen,
Sie können in der MPU weder das Urteil von damals verbes-
sern noch durch offene Erörterung der Vorgänge Ihre rechtliche Lage verschlimmern.

Der Volksmund sagt: »Selbsterkenntnis ist der erste Schritt
zur Besserung.« Der Psychologe schließt sich dem an. Er geht
davon aus, dass jemand ein Problem nur dann lösen kann,
wenn er es als Problem erkannt hat. Wenn ich mir einrede,
der Unfall von damals sei nur eine Verkettung unglücklicher
Umstände gewesen und habe mit meinem Verhalten nichts zu
tun, dann entlastet mich das auf angenehme Art.

Konsequenzen, positive Konsequenzen für die Zukunft kann
ich daraus aber nicht ziehen. Aus Pech kann ich nichts lernen.
Lernen kann ich aus Fehlern, und aus Fehlern kann ich umso
besser lernen, je genauer ich diese Fehler analysiert habe.

Der Psychologe will mit Ihnen zusammen die Fehler Ihrer
Vergangenheit analysieren, er will abklopfen, inwieweit Sie bereits eine Vorarbeit in dieser Hinsicht geleistet haben. Er will
aber auch sehen, inwieweit Sie für kritische Hinweise von außen – vom Psychologen nämlich – empfänglich sind.

Machen Sie bei dieser Analyse mit, der MPU-Psychologe
will Sie nicht aufs Kreuz legen.

4 Worauf Sie sich einstellen müssen: Fragen des Psychologen

Wie im Alkoholkapitel wollen wir Ihnen auch hier einen möglichst konkreten Eindruck von den Fragen geben, die auf Sie zukommen können. Nie werden Sie alle diese Fragen hören, sicher werden Sie etwas anders formuliert sein, aber in diese Richtung wird es gehen.

Fragen zum Delikt (zu den Delikten)
- Wie viele Verstöße hatten Sie? Welcher Art? In welchem Zeitraum?
- Wie konnte so viel zusammenkommen?
- Wie schätzen Sie sich für die damalige Zeit als Fahrer ein?
- Wie würden Sie Ihren damaligen Fahrstil bezeichnen?
- Woran lag es, dass Sie keinen Unfall hatten?
- Warum haben Sie sich (immer wieder) so verhalten?
- Wie haben Sie auf die ersten Verwarnungen, Bußgelder etc. reagiert?
- Was hatten Sie sich vorgenommen, um keine Punkte mehr zu bekommen?
- Warum konnten Sie Ihre guten Vorsätze nicht einhalten?
- Gibt es einen Zusammenhang zwischen dem Punktesammeln und bestimmten Ereignissen in Ihrem Leben?

Fragen nach Änderungen gegenüber früher
- Wie lauten Ihre Vorsätze heute?
- Was ist daran anders als früher?
- Was wollen Sie konkret tun, damit Sie Ihre Vorsätze diesmal einhalten können?

- Was hat sich ansonsten bei Ihnen geändert?
- Welche Einstellung zur Verkehrssicherheit haben Sie heute? Was ist daran neu?
- Was ist Ihrer Meinung nach im Straßenverkehr besonders wichtig?
- Was könnte Ihre guten Vorsätze wieder zum Scheitern bringen?

Ein wie auch immer geartetes Lernen vermeintlich »richtiger« Antworten wird Sie auch hier nicht weiterbringen. Dagegen ist es sehr nützlich, sich einmal klarzumachen, worauf das Ganze überhaupt hinaussoll.

Die Bedeutung dieser Fragen (und Konsequenzen für die Antworten)

Im Grunde lassen sich die oben skizzierten Fragen auf folgende vier Grundfragen zurückführen, die den Gutachter bewegen und die er mit einem eindeutigen Ja abhaken muss, damit er Ihnen ein positives Gutachten schreiben kann.

1. Haben Sie die Schwere und das Ausmaß Ihres früheren Verhaltens im Verkehr erkannt?
2. Haben Sie sich mit den Ursachen Ihres früheren Verhaltens auseinandergesetzt?
3. Haben Sie den glaubhaften, nachvollziehbaren Entschluss gefasst, etwas grundlegend zu ändern?
4. Gibt es genügend Hinweise darauf, dass Ihnen das auf Dauer gelingen wird?

Auch hier wird wieder klar, dass es nichts bringt, sich auf Strategien der Verleugnung und Verharmlosung zu verlegen. Der Psychologe will, dass Sie den Tatsachen ins Auge sehen. Denn auch hier gilt: »*Wer seine Vergangenheit nicht kennt, ist dazu verurteilt, sie zu wiederholen.*«

Wie beim Alkoholfall, so gibt es auch hier eine ganze Reihe bekannter, aber beim Gutachter nicht gerade beliebter Standardgeschichten, die von den Untersuchten präsentiert werden. Blättern Sie einmal zurück ins Kapitel zur MPU bei Alkohol, sehen Sie sich dort das Thema »Untaugliche Verteidigungsstrategien« an, und übertragen Sie das Ganze auf den Punktesünder:

- Die »Ausrutscher«-Theorie
- Die »Immer an die Verkehrsregeln gehalten«-Theorie«
- Die »Änderung nicht nötig«-Theorie
- Die »Ab heute ist einfach alles ganz anders«-Theorie
- Die »Schwierigkeiten wird es keine geben«-Theorie

Merken Sie's? Es ist ganz leicht, auf eine dieser Theorien zu verfallen und zu versuchen, sich selbst und dem Gutachter etwas vorzumachen. Wie schwierig dagegen ist es, den Dingen einmal wirklich bis tief auf den Grund nachzugehen.

Wir wollen dies zum Abschluss einmal in aller Ausführlichkeit tun, anhand des naheliegenden Beispiels der Geschwindigkeitsverstöße, die über die Hälfte aller Eintragungen in Flensburg ausmachen.

5 Die Verstöße und was sie uns sagen

Ein »Sündenregister«, wie es der Psychologe vorliegen hat, könnte so aussehen:

05/08/03   die zulässige Höchstgeschwindigkeit überschritten: 69 km/h statt 50 km/h (innerhalb geschlossener Ortschaft, als Führer eines Lkw)

15/09/04   Verbotswidrig rechts überholt, als Fahrer Sicherheitsgurt nicht getragen

14/03/05   die zulässige Höchstgeschwindigkeit überschritten: 135 km/h statt 100 km/h

07/09/05   die zulässige Höchstgeschwindigkeit überschritten: 82 km/h statt 60 km/h (außerhalb geschlossener Ortschaft)

17/11/05   Rotlicht missachtet

03/09/06   Überholt bei Überholverbot

16/10/06   die zulässige Höchstgeschwindigkeit überschritten: 96 km/h statt 50 km/h (innerhalb geschlossener Ortschaft)

18/10/06   die zulässige Höchstgeschwindigkeit überschritten: 81 km/h statt 60 km/h

04/02/07   bei schlechten Witterungsverhältnissen zu schnell gefahren, anderen geschädigt

07/04/08   Rotlicht missachtet, länger 1 Sek. Rotphase

Ganz schön happig, werden Sie vielleicht auf den ersten Blick sagen. Dann jedenfalls, wenn Ihre eigene Liste ein Stück kürzer ist.

Und wenn es doch Ihre eigene Liste ist, werden Sie sich vielleicht darauf einstellen, dass der Gutachter Verstoß auf Verstoß mit Ihnen durchgeht und Sie löchert, warum dies und jenes wohl passiert ist.

Geraten Sie an einen erfahrenen Gutachter, so kann es Ihnen allerdings passieren, dass der sich für die einzelnen Verstöße gar nicht sonderlich interessiert. »Ach, Gott«, wird er vielleicht sagen, »so wild ist das doch gar nicht, wenn ein Autofahrer im Verlauf von fast fünf Jahren zehnmal die Verkehrsregeln missachtet.«

Richtig! Unser beispielhafter Autofahrer hat ja gar nicht zehnmal im Verlauf von fünf Jahren die Verkehrsregeln missachtet. Sondern?

Sondern er ist zehnmal im Verlauf von fünf Jahren dabei *erwischt* worden, als er Verkehrsregeln missachtet hat. Das ist der springende Punkt.

Die Dunkelziffer…

Wenn man in einem MPU-Gespräch oder in einer verkehrspsychologischen Schulungsmaßnahme einen Autofahrer fragt, wie viel Prozent aller deutschen Autofahrer seiner Schätzung nach wohl Punkte in Flensburg haben, so bekommt man Antworten zwischen 30 und 90 Prozent. Wer weiß, was draußen auf den Straßen und Autobahnen los ist, wird sich dieser Schätzung gern anschließen.

Sie ist leider falsch, völlig falsch. Die wenigsten, nämlich nur rund 13 Prozent aller Kraftfahrer, haben überhaupt einen Eintrag im Verkehrszentralregister. Von diesen wiederum hat die überwiegende Mehrheit lediglich einen bis drei Punkte. Selbst von denen, die im Verkehrszentralregister mit Missetaten eingetragen sind (und die ohnehin schon eine Minderheit darstellen), haben nur 1,7 Prozent mehr als 13 Punkte. Bezogen auf die Gesamtzahl aller deutschen Kraftfahrer, bedeutet das einen absolut verschwindend geringen Anteil von weit unter einem Prozent!

… und warum sie so hoch ist

Woher kommt das? Untersuchen wir es anhand der Geschwindigkeitsüberschreitungen.

Auch wenn es auf den ersten Blick nicht so aussieht: Eine Radarkontrolle der Polizei ist ein ausgesprochen seltenes Ereignis. An den meisten Straßenstücken, an denen ein Autofahrer entlangfährt, steht *keine* Radarfalle, allenfalls einige Kilometer werden in ganz Deutschland zur gleichen Zeit vom Messstrahl des Radargeräts überstrichen. Einige wenige Kilometer von vielen Zigtausenden von Straßenkilometern. Das Vorbeifahren an einer Radarkontrolle ist also ein ganz besonderes, ausgesprochen unwahrscheinliches Ereignis. Damit das Vorbeifahren an einer Radarkontrolle fühlbare Konsequenzen (Bestrafung in einer Höhe, die zu Punkten im KBA-Register führt) für den Autofahrer hat, ist es aber nötig, dass der Autofahrer *exakt an dieser Stelle* nicht nur zu schnell, sondern *erheblich* zu schnell fährt. Überschreitet er die zulässige Höchstgeschwindigkeit nur geringfügig, so kommt er mit einer gebührenpflichtigen Verwarnung davon, sein Verstoß kommt nicht ins Verkehrszentralregister.

Auch einem normalen, disziplinierten Autofahrer wird es immer wieder mal passieren, dass er zu schnell fährt, gelegentlich mag er auch ein bisschen sehr schnell dran sein. Ein solcher Regelverstoß ist aber bei diesem Typ Autofahrer ein ausgesprochen seltenes Ereignis. Damit das seltene Ereignis Schnellfahren für einen durchschnittlichen Autofahrer zu fühlbaren Konsequenzen (sprich: Punkten im KBA-Register) führt, ist es also nötig, dass zwei sehr seltene Ereignisse zusammenfallen: Er muss gerade dann (viel) zu schnell fahren, wenn er zufällig an einer Radarfalle vorbeifährt.

Dieses Zusammentreffen ist sehr selten, aber es mag dennoch passieren, auch einem ansonsten und normalerweise regeltreuen Autofahrer. Die Folge: ein einsamer Punkt in Flensburg, vielleicht auch zwei oder drei.

Dass einem ansonsten besonnenen Autofahrer aber ein solches unheimlich seltenes Zusammentreffen zehnmal im Laufe von fünf Jahren passiert, ist so unwahrscheinlich, dass man es getrost aus einer sinnvollen Überlegung ausschließen kann.

Und damit sind wir beim Kern des Problems. Wie kommt man mit Geschwindigkeitsüberschreitungen zu 18 Punkten?

Ein solcher Autofahrer kann kein normaler Verkehrsteilnehmer mehr sein, der ab und zu über die Stränge schlägt. Hier handelt es sich offensichtlich um einen notorisch, also gewohnheitsmäßig viel zu schnell fahrenden Autofahrer.

Ihr Problem sind also nicht die einzelnen aktenkundig gewordenen Verstöße: Das sind lediglich zufällige »Blitzlichter« in einem Strom vieler (unentdeckter) Ereignisse. Ihr Problem ist Ihr Fahrstil insgesamt! Genau darauf wird Ihr Begutachtungsgespräch hinauslaufen.

6 Warum fährt einer so schnell?

Als guter Psychologe wird Sie Ihr Gutachter natürlich ganz besonders nach den Gründen für diesen Fahrstil fragen.

In den Untersuchungsgesprächen bekommt man als Erklärung für dieses Verhalten gern Termindruck angeboten. Das hört sich plausibel an. Wer unter Zeitdruck steht, der hat es eilig, und wer es eilig hat, der drückt schon mal ein wenig mehr aufs Gas.

Aber ein von Terminen geplagter Autofahrer, dem das Schnellfahren im Grund seines Herzens zuwider ist, wird spätestens aus der Erfahrung eines oder mehrerer Bußgeldbescheide für sich die Konsequenz ziehen, dass er künftig die Zeit besser einplanen wird. Ein Autofahrer jedoch, der an sich gern sehr schnell fährt, wird im Bewusstsein seines schnellen Autos, seiner rasanten Fahrweise die Termine so knapp legen, dass sie seiner rasanten Fahrweise angepasst sind.

Gewohnheitsmäßiges, häufiges Schnellfahren kommt also eher daher, dass es dem Raser entweder ganz einfach Spaß macht, oder es ist ein Hinweis darauf, dass er trotz guter Vorsätze seinen Fahrstil, seine Terminplanung etc. nicht in den Griff bekommt.

Sie schütteln den Kopf? Wenn man in Untersuchungsgesprächen den Termindruck als einzige (oder wesentliche) Ursache für das Schnellfahren zurückweist und weiter nachbohrt, bekommt man häufig folgende Erklärung:

»Ich war damals in einer schwierigen Lebenssituation, die mich sehr mitgenommen hat. Aufs Autofahren hat sich das insofern ausgewirkt, als ich oft unkonzentriert war. Deswegen bin ich damals so oft so schnell gefahren.«

Haben Sie's gemerkt?

Was macht der durchschnittliche Autofahrer, für den das Auto kein Sportgerät, sondern ein Gebrauchsgegenstand ist, wenn er unkonzentriert ist? Richtig! Er wird bei nachlassender Konzentration aufs Autofahren ganz automatisch und naturwüchsig mit der Geschwindigkeit heruntergehen. Der lustvolle Schnellfahrer hingegen, der in Zeiten der Konzentration und Selbstkontrolle sich (und das Auto) aus Vernunftgründen herunterbremst, wird dagegen bei nachlassender Konzentration (und Vernunft) das Tempo erhöhen.

Der Schläger – ein Beispiel

Das folgende Beispiel mag veranschaulichen, wie viel Zeit angeblich so sehr unter Zeitdruck stehende Schnellfahrer haben.

Einer der Autoren hatte in seiner Gutachter-Praxis folgenden Fall: Ein jüngerer Mann war auf einer Bundesstraße unterwegs gewesen. Auf einem relativ steilen Straßenstück haben die bergan fahrenden Fahrzeuge zwei Fahrspuren, so dass ein Überholen langsamer Lkws leicht möglich ist. An dieser Stelle nun hatte eine vor dem Klienten fahrende Autofahrerin einen Lkw überholt und dabei die linke Fahrspur benutzt. Diese Autofahrerin brauchte – nach Einschätzung des Klienten – für den Überholvorgang ungewöhnlich lang, weswegen er ziemlich nahe an sie auffuhr und ihr mit Lichthupe bedeutete, sie möchte doch auf die rechte Fahrspur zurückfahren. Das aber machte sie nicht, weswegen er in große Wut geriet. Nachdem die Autofahrerin schließlich doch den Überholvorgang abgeschlossen hatte, fuhr der Klient nicht an ihr vorbei, sondern blieb hinter ihrem Wagen dran, fuhr ihr mehrere Kilometer nach, auf einer Strecke, die weitab von seinem eigentlichen

Fahrtziel entfernt lag. Als die Frau aus dem Auto ausstieg, ging der Klient auf sie zu, ohrfeigte und beschimpfte sie.

Ein Resümee

Das Schnellfahren ist keine Sache des Kopfes, es kommt aus dem Bauch! Deshalb nützen auch gute Vorsätze, die an der Oberfläche bleiben, gar nichts, solange man sich nicht schonungslos mit seinen eigenen Einstellungen auseinandersetzt – auch wenn sich dabei wahre »Abgründe« auftun mögen.

7 Die unheimliche Hartnäckigkeit

Wie – im wahrsten Sinne des Wortes – unheimlich manche Verhaltensweisen im Verkehr sind, wird Ihnen klar, wenn wir uns den obigen Modell-Autofahrer noch einmal genauer anschauen.

In gewissem Sinne kann man ihn durchaus mit einem Trunkenheitsfahrer vergleichen. Wie der Trunkenheitsfahrer probiert er ein für ihn vorteilhaftes, aber verbotenes Verhalten aus und macht die Erfahrung, dass es gutgeht. Er wird weder erwischt, noch baut er einen Unfall, trotz seiner rasanten Fahrweise. Verhaltensweisen, die gutgehen, für die man belohnt wird, wird man gern wiederholen, und man wird sie so lange wiederholen, bis sie schließlich zur Gewohnheit werden. Das ist das einfachste Lerngesetz – denken Sie an die Kindererziehung.

Irgendwann aber gehen diese Verhaltensweisen nicht mehr gut, irgendwann wird der Autofahrer doch von der Polizei erwischt. Und hier enden die Parallelen zwischen Schnellfahrer und Trunkenheitsfahrer. Während der Trunkenheitsfahrer jäh aus seiner Illusion erwacht und direkt in die Katastrophe schlittert – Führerscheinentzug, Geldstrafe, MPU –, kommt der Schnellfahrer mit einer milden Strafe davon. Er muss eine Geldbuße zahlen, das tut weh, er bekommt einen, zwei oder drei Punkte. Den Führerschein jedoch behält er selbst dann, wenn er wegen zu großer Geschwindigkeitsüberschreitung einen, zwei oder drei Monate Fahrverbot erhält.

Nun kann er entweder weitermachen oder eine Verhaltensänderung herbeiführen. Der normale Autofahrer wird auf ein solches Erlebnis für lange Zeit viel bedächtiger und bewusster

fahren, der Schock verfolgt ihn. Der typische Punktetäter jedoch macht weiter in seinem Schnellfahren oder Drängeln oder
Ampelüberfahren. Und er macht wie zuvor die Erfahrung, dass
sein Verhalten gutgeht. Bis man ihn wieder erwischt. Und wieder hat er die Chance zur Änderung. Und wieder macht er weiter.

Der Punktetäter sieht den Führerscheinentzug bei 18 Punkten deutlich vor sich. Jeder Strafzettel, den er bekommt, hält
ihm sein aktuelles Punktekonto vor Augen, und er sieht es be-
drohlich anwachsen. Nach acht Punkten bekommt er von der
Behörde eine Verwarnung, nach 14 Punkten eine erneute. Und
er macht weiter. Sehenden Auges und x-mal gewarnt, fährt er
dem Führerscheinentzug entgegen.

Eines wollen wir in diesem Buch auf jeden Fall vermeiden:
den Eindruck nämlich, es ginge uns um »law and order«, als
wollten wir Ihnen die Beachtung von Regeln einfach deshalb
empfehlen, weil es Regeln sind und Sie für die Nichtbeachtung
bestraft werden.

Deshalb möchten wir Ihnen im Folgenden noch einige
grundsätzliche Anmerkungen zum Thema Straßenverkehr, Geschwindigkeit, Unfallgefahr und guter Autofahrer zur Diskussion stellen.

8 Die Gefahren des Straßenverkehrs – und ein bisschen Fahrphysik

Machen wir ein Gedankenexperiment: Stellen Sie sich einen Weltklassesprinter auf der 100-Meter-Strecke vor, der am Ziel gegen eine massive Steinwand läuft. Man sollte nicht allzu viel Phantasie auf diese Vorstellung verwenden, klar ist jedenfalls, dass die Chancen unseres Sportlers, den Aufprall zu überleben, nicht allzu groß sind.

Wie schnell läuft so ein Spitzenathlet eigentlich?

Wenn er die 100-Meter-Sprintstrecke in 10,0 Sekunden läuft, dann bringt er es auf eine Durchschnittsgeschwindigkeit von 36 km/h. Vom Start weg muss er erst beschleunigen, so dass wir von einer Höchstgeschwindigkeit von rund 40 km/h ausgehen können.

40 km/h ist die höchste Geschwindigkeit, die ein Mensch aus eigener Kraft und ohne technische Hilfsmittel erreichen kann. Aber selbst ein gut trainierter Sportler erreicht diese Geschwindigkeit nur sehr kurzfristig und im Fall optimaler Bedingungen, angefangen von fleißigem, regelmäßigem Training über die richtigen Laufschuhe bis zum Hightech-Belag der Laufbahn.

Und vor allem: Der Sprinter erreicht diese Geschwindigkeit nur deshalb, weil er darauf vertrauen kann, dass ihm niemand in den Weg laufen wird. Die Tartanbahn ist abgesperrt.

Auf eine unvorhergesehene Störung könnte er bei diesem Höllentempo nicht mehr reagieren. Weder rechtzeitig noch sinnvoll.

Der moderne Autofahrer ist es nicht gewöhnt, 40 km/h als »Höllentempo« zu bezeichnen. 40 km/h sind eine Geschwindigkeit, welche ein Autofahrer eher als Schrittgeschwindigkeit einstuft, eine Geschwindigkeit, mit der er mühsam diszipliniert durch die 30-km/h-Zonen schleicht.

40 km/h ist aber auch in etwa die Geschwindigkeit, welche 1835 die erste deutsche Eisenbahn zwischen Nürnberg und Fürth erreichte. Der legendäre »Adler« kam mit Waggons und Fahrgästen auf 36 bis 38 km/h. Die Fahrgäste von damals waren weit davon entfernt, dieses Tempo als Schrittgeschwindigkeit zu empfinden. Sie wurden zum großen Teil von heftiger Angst gepackt, viele schrien panisch, manche wurden ohnmächtig.

Ein wohlmeinender und um seine Mitmenschen besorgter Journalist hat damals – allen Ernstes – vorgeschlagen, man möchte doch zu beiden Seiten der Eisenbahnlinie einen mehrere Meter hohen Schutzwall aus Brettern errichten. Nicht, um die Menschen vor der Lärmbelästigung zu schützen, sondern um den Menschen – und Tieren! – entlang der Bahnlinie den Anblick der mit wahnsinniger Geschwindigkeit dahinrasenden Bahn zu ersparen.

Wir, die wir als Babys schon im Auto herumgefahren worden sind, die wir ins Auto hineingewachsen sind, lächeln heute über solche Berichte. Ein modernes Auto, auf einer modernen Straße dahingleitend, vermittelt ja auch bei noch weitaus höheren Geschwindigkeiten das Gefühl einer eher gemächlichen Fortbewegung.

Und dennoch:

Bereits bei sehr geringen Geschwindigkeiten werden ungeheure Kräfte freigesetzt. Ein Auffahrunfall bei 10 km/h reicht aus, selbst einen schweren, bulligen Motorradfahrer über die Lenkstange hinwegzuheben.

Mit steigender Geschwindigkeit vergrößert sich das Prob-

lem. Und es vergrößert sich rasend schnell. Die Bewegungsenergie eines Autos steigt mit dem Quadrat der gefahrenen
Geschwindigkeit an: Doppelte Geschwindigkeit heißt vierfa-
che Energie, bei dreifacher Geschwindigkeit haben Sie bereits
die neunfache Energiemenge. Wenn Sie mit 200 km/h »gemüt-

---

*40 km/h ist die Geschwindigkeit, die ich bei einem Fall aus über
sechs Metern Höhe erreiche, aus dem zweiten Stock eines Hauses
immerhin.*

---

lich auf der Autobahn dahingleiten« (Originalzitat aus einem
MPU-Gespräch mit einem notorischen Geschwindigkeitsüber-
treter), bewegen Sie sich fünfmal so schnell wie mit 40 km/h,
schleppen dabei jedoch 25-mal so viel Bewegungsenergie mit
sich herum.

Dass das keine theoretischen Überlegungen sind, kennen Sie
aus der alltäglichen Erfahrung des Beschleunigens: Von 0 auf
50 km/h sind Sie fast sofort, von 50 auf 100 km/h dauert schon
länger, 100 auf 150 km/h zieht sich, und für 200 km/h braucht's
dann schon etwas Geduld, wenn Sie nicht gerade einen Por-
sche fahren.

Der Mensch in seiner Überforderung

Der Haken für Sie als Autofahrer ist, dass das Ganze auch umgekehrt gilt: Der nötige Bremsweg verlängert sich für Sie mit
dem Quadrat der erreichten Geschwindigkeit. Bei 200 km/h
benötigen Sie demnach einen 25-mal längeren Bremsweg als
mit 40 km/h.

Oder, um es an einem handfesteren Beispiel zu demonstrieren: Stellen Sie sich einen Wagen vor, der in der Stadt mit 50 km/h vor sich hin fährt. Auf der linken Spur wird er von einem anderen Wagen gleichen Typs überholt, der eine Geschwindigkeit von 70 km/h einhält. In dem Moment, da sich beide Wagen auf gleicher Höhe befinden, geschieht vor ihnen etwas, das beide zur Vollbremsung zwingt. Beide Fahrer, gleich reaktionsschnell, treten voll in die Eisen. Wie schnell, glauben Sie, ist der Wagen auf der linken Spur an jenem Punkt, an welchem der andere Wagen eben gerade noch (vor dem Hindernis) zum Stillstand gekommen ist?

Die Lösung ist entsetzlich: Der schnellere Wagen hat an der Stelle immer noch 50 km/h. Der wegen der höheren Geschwindigkeit auch längere Fahrweg des zweiten Wagens während der Schrecksekunde ist dabei noch gar nicht mitgerechnet. Die auf den ersten Blick nur geringfügig höhere Geschwindigkeit verändert den Bremsweg dramatisch.

Immer noch der Überzeugung, Sie hätten – als »guter Fahrer« zumal – immer alles im Griff gehabt?

Die große Bedeutung von Spielregeln

Sie schütteln den Kopf. »*Was*«, so fragen Sie, »*soll der Unfug? Wenn es wirklich so wäre, würde das Autofahren gar nicht klappen, dann würde es ständig krachen. In Wirklichkeit funktioniert es aber.*«

In der Tat, das ist das Irritierende. In Wirklichkeit funktioniert das Autofahren gar nicht mal schlecht. Womit das eben Gesagte schlagend widerlegt wäre.

Ja?

Nein!

Dass es im Straßenverkehr nicht ständig kracht, dass trotz der »prinzipiellen Überforderung« der Unfall das seltene Ereignis bleibt, liegt daran, dass der Straßenverkehr sehr, sehr streng reglementiert und ritualisiert ist. Diese strengen und strikten Regeln vereinfachen das »Spiel Straßenverkehr« ganz erheblich. Ich muss als Verkehrsteilnehmer nicht ständig auf alles achten, ich darf sehr viel als selbstverständlich voraussetzen. Ich muss mich aber auch beim Autofahren auf sehr viele Dinge einfach blind verlassen können:

- Der Wagen, der mir entgegenkommt, bleibt ganz bestimmt auf seiner Seite, er darf ganz einfach nicht plötzlich rüberfahren.
- Der Fußgänger am Straßenrand bleibt ganz bestimmt am Straßenrand, er darf ganz einfach nicht jäh auf die Straße treten.
- Der Motorradfahrer, der von der Seitenstraße herkommt, wartet ganz bestimmt, bis ich vorbei bin, er darf einfach nicht plötzlich vor mir auf meine Straße einbiegen.
- Wenn ich mich der Bergkuppe nähere und schließlich drüberfahre, dann darf unmittelbar dahinter kein anderer Wagen stehen oder langsam fahren.

Wenn irgendein Teilnehmer am Straßenverkehr die Spielregeln des Straßenverkehrs nicht kennt (noch nicht kennt, weil er Kind ist, nicht mehr kennt, weil ihm das Alter den Überblick geraubt hat), entstehen ganz schnell Situationen, die auch von Walter Röhrl oder den Gebrüdern Schumacher nicht mehr gefahrlos zu bewältigen sind. Es gibt im normalen Straßenverkehr unerwartete, absolut nicht vorhersehbare Situationen, bei denen es für eine sinnvolle Reaktion ganz einfach zu spät ist.

In dieser Zeit der Allgegenwart von Kraftfahrzeugen ist es elementar und überlebenswichtig, schon den kleinen Kindern die Verkehrsregeln beizubringen. Autofahrer können sich bei den üblicherweise gefahrenen Geschwindigkeiten nicht auf undisziplinierte Lebewesen und regelwidrige Objekte wie Kinder, Greise, Tiere und auf der Fahrbahn herumliegende Gegenstände einstellen.

Nur solange diese strengen Spielregeln strikt eingehalten und von den Autofahrern »konservativ« ausgelegt werden, haben wir eine reelle Chance, den Spielplatz Straßenverkehr wieder lebend zu verlassen.

Das Tragische an der jetzigen Situation ist aber, dass das Autofahren für sehr viele Leute nicht nur eine Art der Fortbewegung ist, sondern auch eine Leidenschaft. Nicht nur für die offensichtlichen Racing-Fans, sondern auch für jene, die, auf Befragen, jeden Spaß am Fahren strikt von sich weisen. Das Auto ist nicht nur eine wunderbare Möglichkeit, schneller als mit einer Kutsche, trockener und staubfreier als mit einem Motorrad von Punkt A nach Punkt B zu kommen, es ist auch ein Sportgerät. Und viele Autofahrer, gerade die leidenschaftlichen Autofahrer, die »guten« Autofahrer, die Vielfahrer fahren auf der Straße in erster Linie nach sportlichen Gesichtspunkten.

Der gute Autofahrer und seine Eigenschaften

Es war die Rede vom »guten Autofahrer«. Die Frage ist, was man unter diesem Begriff verstehen muss.

Bei Befragungen unter Führerscheininhabern macht man die verblüffende Erfahrung, dass sich fast 90 Prozent der befragten Autofahrer selber für gute bis sehr gute Autofahrer halten, mehr als die Hälfte davon geht sogar so weit, sich selbst als »sehr gut« einzustufen.

Das ist offensichtlicher Unfug. Was aber macht dann einen Autofahrer zum guten Autofahrer?

Im Untersuchungsgespräch einer MPU erzählte einmal ein

junger Mann von Anfang zwanzig, dem wegen mehr als 18 Flensburger Punkten der Führerscheinentzug drohte, folgendes Erlebnis:

Er sei auf der Autobahn München – Salzburg um die 200 km/h gefahren. Dieser Autobahnabschnitt gilt als einer der meistbefahrenen und stauträchtigsten in Bayern. Direkt hinter einer Bergkuppe habe sich ein Stau gebildet gehabt. Wegen der Bergkuppe habe er den Stau erst sehr spät gesehen und sei sofort auf die Bremse getreten. Ein rechtzeitiges Anhalten vor dem hintersten Wagen sei – trotz kunstgerechter Intervallbremsung – nicht mehr möglich gewesen, so dass er auf die Standspur habe ausweichen müssen, wo er nach mehreren hundert Metern schließlich zum Stehen gekommen sei.

Ist dies ein guter Autofahrer?

Es scheint so, denn aller positiven Selbsteinschätzung zum Trotz hätte der überwiegende Großteil der Autofahrer ein solches Abenteuer nicht unfallfrei überstanden. Sie wären entweder in der Panik voll auf die Bremse gestiegen und dann auf den letzten Wagen des Staus geprallt, oder sie hätten den Wagen zwar herumgerissen, ihn dadurch aber rettungslos ins Schleudern gebracht.

Nur ein guter, ein sehr guter Autofahrer wird aus einer solchen Situation heil herauskommen.

Der Klient selber sah das auch so. Denn diese Geschichte stand nicht in den von der Führerscheinstelle übersandten Akten, sie war kein Bestandteil der Vorwürfe gegen ihn. Der Klient erzählte die Geschichte vielmehr als Beleg für seine überragenden Fähigkeiten als Autofahrer. »*Ich, der große Autofahrer, werde auch mit kitzligen Situationen fertig.*« Auf die Idee, die Sache umgekehrt zu sehen, ist er nie gekommen: Ich, der noch unreife Autofahrer, bin da völlig unnötigerweise in eine prekäre Situation gekommen, die glücklicherweise noch mal gut ausgegangen ist. Ein guter, ein wirklich guter Autofahrer ist deshalb ein wirklich guter Autofahrer, weil er in eine solche Situation nicht hineinkommt!

Kein guter Autofahrer fährt auf einer

- bekanntermaßen viel befahrenen,
- berüchtigt stauträchtigen,
- geländebedingt bergigen und
- ausgesprochen kurvigen Autobahn 200 km/h.

Nein, seien wir gerecht: Auch gute Autofahrer tun dies, denn auch gute Autofahrer machen Fehler. Aber gute Autofahrer lernen daraus. Sie lernen: Ich, der nachlässige Autofahrer, bin da völlig unnötigerweise in eine prekäre Situation gekommen, die glücklicherweise noch mal gut ausgegangen ist.

Unser junger Mann war nach dem Gutachten jedenfalls seinen Führerschein erst mal los. Schlecht für ihn, gut für die Verkehrssicherheit.

Eine kleine Philosophie des Unfalls

Mit einer gewissen Unsicherheit müssen wir leben. Passieren kann immer etwas, auch der Perfektionist macht Fehler, der Bedächtigste macht sich einer Unbesonnenheit schuldig, auch neue, gepflegte Bremsen können versagen.

Es gibt also ein Grundrisiko, im Straßenverkehr einen Unfall zu verursachen oder zumindest zu erleiden. Gegen dieses Grundrisiko ist kein Kraut gewachsen, es ist Bestandteil des Lebensrisikos: Schicksal.

Ein kleinerer Teil der Unfälle geht zu Lasten dieses Grundrisikos. Der wahrscheinlich weitaus größere Teil der Verkehrsopfer geht auf akutes oder systematisches Fehlverhalten zurück.

Akutes Fehlverhalten ist dabei eine momentane, insgesamt bei dem betreffenden Verkehrsteilnehmer eher seltene Unachtsamkeit, während unter systematischem Fehlverhalten der immer wiederkehrende Regelverstoß im Straßenverkehr zu verstehen ist.

Das Gefährliche daran ist nicht, dass jemand irgendwann Fehler macht. Jeder Mensch macht immer wieder irgendwann irgendwelche Fehler, damit müssen wir leben, auch im täglichen Straßenverkehr. Die meisten Situationen, mit denen wir es im Leben (oder im Verkehrsgeschehen) zu tun haben, sind aber glücklicherweise ziemlich fehlertolerant, das Schicksal verzeiht uns. Das heißt, der Fehler führt normalerweise nicht zur Katastrophe, führt meistens nicht einmal zu einem Schaden.

- Wir sind verträumt und deshalb unachtsam, erkennen das Bremsen des Vordermanns relativ spät – aber wir kommen noch rechtzeitig zum Stehen.

- Wir sehen das Vorfahrt-gewähren-Schild, ohne es eigentlich wahrzunehmen, fahren einfach weiter – aber es kommt gerade kein anderer daher, mit dem wir zusammenstoßen könnten.

- Wir fahren aus der Parklücke heraus, ohne uns wirklich gut umgeschaut zu haben, ob keiner kommt – und es kommt meistens wirklich keiner.

Fehler, auch grobe Fehler, machen sowohl der gute als auch der schlechte Autofahrer. Der Unterschied ist lediglich, dass der gute Autofahrer seine Fehler selten, grobe Fehler gar sehr selten macht, während der schlechte Autofahrer eben gerade dadurch zum schlechten Autofahrer wird, weil sich seine Fehler häufen.

Fehler führen selten zum Unfall. Seltene Fehler führen wahrscheinlich nie zum Unfall. Fehler, die oft vorkommen, geben dem Schicksal viele Gelegenheiten, sich gegen uns zu entscheiden, sie führen irgendwann zum Unfall. Es ist eine Frage der Statistik.

9 Vorbeugung durch Punkteabbau

Nach allem, was Sie bis hierher über die MPU gelesen haben, werden Sie mir sicher dankbar sein, wenn ich Ihnen auch einige Tipps verrate, wie Sie sich das Ganze vielleicht sparen könnten. Und damit ist jetzt nicht der banale Hinweis gemeint, sich einfach an die Verkehrsregeln zu halten und keine Punkte zu sammeln. Wenn Sie das so einfach könnten, dann hätten Sie sich wahrscheinlich niemals dieses Buch gekauft. Sie haben also wahrscheinlich schon eine ganze Menge Punkte, vielleicht aber noch nicht so viele, dass schon alles zu spät ist. Für ein steigendes Punktethermometer gibt es jedenfalls einige »fiebersenkende Mittel«. Der Gesetzgeber hat nämlich, weise in seiner Art und mit berechtigtem Vertrauen in die Lernfähigkeit seiner Bürger, folgendes System erdacht: Wer die Zeichen (sprich: sein steigendes Punktekonto) erkennt und bereit ist, etwas dagegen zu tun, dem sollen Punkte erlassen werden. Und je früher er das tut, desto mehr Punkte sollen ihm erlassen werden. Daraus ergeben sich für Sie nun einige Möglichkeiten.

Punkteabbau beim Stand von bis zu 8 Punkten (ohne Alkoholfahrten)

Wenn Sie bis zu 8 Punkte gesammelt haben, können Sie mit der freiwilligen Teilnahme an einem Aufbauseminar (»ASP«) bei einer Fahrschule satte 4 Punkte abbauen. Die Seminare finden in vier Sitzungen zu je 135 Minuten mit sechs bis zwölf Teilnehmern statt und werden durch eine 30-minütige Fahrprobe ergänzt. Die Fahrschule muss eine spezielle ASP-Seminarerlaubnis haben. Erkundigen Sie sich einfach bei Ihrer Führerscheinstelle oder der nächstgelegenen Fahrschule nach den Anbietern. Kostenpunkt: 200 bis 300 Euro.

Punkteabbau beim Stand von bis zu 8 Punkten (mit Alkohol- oder Drogenfahrten)

Sind bei Ihren 8 (oder weniger) Punkten auch solche dabei, die durch eine Alkohol- oder Drogenfahrt entstanden sind, dann können Sie ebenfalls 4 Punkte abbauen. In diesem Fall müssen Sie aber an einem sogenannten »Besonderen Aufbauseminar« teilnehmen. Das Besondere dabei ist nicht nur Ihr Alkohol- oder Drogenverstoß. Das Besondere ist auch, dass diese Seminare nicht von Fahrlehrern angeboten werden dürfen, sondern nur von Verkehrspsychologen mit besonderer Befähigung für diese Seminare. Sie machen diese Seminare deshalb in der Regel bei den Begutachtungsstellen für Fahreignung, wo viele Verkehrspsychologen diese Seminarerlaubnis haben. Bei TÜV SÜD beispielsweise heißen diese Seminare »NAFAPlus«. Die Seminare bestehen aus einem Vorgespräch und dreimal 180 Minuten Kurssitzung und schlagen mit rund 300 Euro zu Buche.

Punkteabbau beim Stand von 9 bis 13 Punkten

Im Wesentlichen sind Ihre Möglichkeiten genau die gleichen, wie oben für den Fall bis zu 8 Punkten beschrieben. Ist Ihr Punktekonto also ohne Alkohol- und Drogenverstöße beim stolzen Stand von 9 bis 13 Punkten angelangt, so kümmert sich wieder eine Fahrschule mit ASP-Erlaubnis um die Linderung Ihrer Punkteleiden. Waren aber auch Alkohol oder Drogen im Spiel, geht es wieder zu den Verkehrspsychologen. Die Seminare sind die gleichen, wie oben beschrieben. Der Unterschied? Beim Stand von 9 bis 13 Punkten bekommen Sie nur noch einen Rabatt von 2 Punkten.

Punkteabbau beim Stand von 14 bis 17 Punkten

Wieder das Gleiche: Aufbauseminar bei einer Fahrschule (ohne Alkohol/Drogen) oder »Besonderes Aufbauseminar« (mit Alkohol/Drogen) bei einer Begutachtungsstelle. Aber mit einem gewaltigen Unterschied. Sind Sie einmal in solche Punkteregionen vorgedrungen und haben bis dahin an noch keinem Aufbauseminar teilgenommen, dann werden Sie jetzt von der Führerscheinbehörde zur Teilnahme an einem solchen Seminar verpflichtet. Kommen Sie der Verpflichtung nicht nach, droht Ihnen der Entzug der Fahrerlaubnis. Mit der Teilnahme können Sie den Entzug Ihrer Fahrerlaubnis abwenden, mehr aber auch nicht. Denn bei der verpflichteten Teilnahme erhalten Sie jetzt keinen Punkterabatt mehr. Wer zu spät kommt....

Und doch gibt es auch jetzt noch eine Möglichkeit zum Punkteabbau. Sie können nämlich im Anschluss an das (Besondere) Aufbauseminar noch an einer »Verkehrspsychologischen Beratung« teilnehmen. Hier findet nun kein Seminar in einer Gruppe mehr statt, sondern »Einzelbehandlung«. Ein speziell ausgebildeter und dafür zugelassener Verkehrspsychologe widmet sich dreimal eine ganze Stunde lang ausschließlich Ihnen und Ihren Verkehrssünden und hilft Ihnen, Strategien zu finden, wie Sie weitere Punkte vermeiden. Auch diese intensive Beratung kostet Sie nicht mehr als die Gruppenseminare – rund 300 Euro. Sie finden die zugelassenen »Verkehrspychologischen Berater §71 FeV« wiederum bei den Begutachtungsstellen für Fahreignung (bei TÜV SÜD z.B. an allen Untersuchungsstellen deutschlandweit) oder aber in speziellen Verzeichnissen wie dem des Berufsverbandes Deutscher Psychologen, dessen Internetadresse sich im Anhang des Buches befindet.

Punkteabbau – die Rechnung, bitte!

300 Euro für ein paar Punkte Rabatt – lohnt sich das? Zur Beantwortung dieser Frage kommt es wie so oft auf den Blickwinkel an. Wenn Sie also schon etliches auf dem Konto haben, dann macht es schon viel aus, dort plötzlich Punkte weniger zu sehen. Und erst recht, wenn Sie sich klarmachen, dass Sie bei 17 Punkten mit einem Punkterabatt vielleicht gerade noch mal einem Führerscheinentzug ausweichen können. Und übrigens: Punkte kosten (viel) Geld. Sehr wahrscheinlich also holen Sie die 300 Euro schon dadurch wieder herein, dass Sie im Seminar oder in der Beratung lernen, wie Sie weitere Verkehrsverstöße und damit kostenpflichtige Punkte vermeiden können.

Ganz zum Schluss noch eine Enttäuschung für ganz scharfe Rechner: Sie können, selbst wenn Sie es wollten, nicht durch beliebige Wiederholung dieser Seminare und Beratungen Ihr Punktekonto auf null reduzieren. Sie können also nicht beim Stand von 12 Punkten sechsmal das Aufbauseminar machen und so Ihr Konto leeren. Seminar und Verkehrspsychologische Beratung können innerhalb von fünf Jahren nur jeweils einmal gemacht werden, rein rechnerisch können Sie also innerhalb dieses Zeitraums bis zu maximal 6 Punkte abbauen. Aber immerhin.

VII Zu guter Letzt…

1 Führerschein ohne MPU im Ausland?

Führerschein ohne MPU in Rumänien, Polen, Tschechien, Ungarn oder Bulgarien? Auch die Slowakische Republik oder andere EU-Länder bieten angeblich solche Möglichkeiten. Vor allem im Internet fanden Sie zuletzt viele Angebote für einen angeblich »legalen« Führerscheinerwerb ohne MPU im Ausland. Dieser Spuk ist wahrscheinlich sehr bald nach Erscheinen dieser Testknacker-Ausgabe wieder völlig vorbei, aber dennoch muss kurz und bündig darauf eingegangen werden: Vorsicht, Finger weg. Trauen Sie diesen Angeboten nicht. Sie bewegen sich immer in einer juristischen Grauzone.

Bereits im Dezember 2006 hat das EU-Parlament die 3. EU-Führerscheinrichtlinie (mit einer Übergangsfrist bis zum 19. Januar 2009) verabschiedet, nach der es eben **nicht** mehr ohne weiteres möglich ist, einfach im Ausland einen Führerschein zu erwerben, wenn in Deutschland eine MPU fällig ist. Entweder wird Ihnen gar keine Fahrerlaubnis ausgestellt oder diese wird Ihnen, sobald die deutschen Behörden dies erfahren und die Aufforderung zur MPU an die ausländische Behörde mitteilen, wieder entzogen.

Was für Sie auch noch wichtig ist:
- Sie laufen Gefahr, für teils horrende Summen (mehrere tausend Euro) keinerlei Gegenleistung zu erhalten – schon gar keinen gültigen Führerschein. Ich muss Sie hier ausdrücklich vor betrügerischen Anbietern warnen.
- Teilweise bekommen Sie im Ausland anstatt eines rechtsgültigen Führerscheins eine Fälschung. (Wer kann schon sel-

ber perfekt genug Polnisch, Ungarisch oder Rumänisch, um das zu bemerken?).

- Bei jeder Verkehrskontrolle müssen Sie mit einem deutschen Pass und einem ausländischen Führerschein mit einer genauen Überprüfung bzw. zeitaufwändigen Nachfrage und Kontrolle rechnen.

- Solange Sie eine Sperrfrist haben, dürfen Sie auch mit einem ausländischen Führerschein in Deutschland nicht fahren.

- Werden Sie mit einer in Deutschland ungültigen Fahrerlaubnis beim Fahren angetroffen, begehen Sie eine schwere Straftat namens »Fahren ohne Fahrerlaubnis«.

Fazit: Mit einem EU-Führerschein statt MPU stehen Sie immer am Rande eines illegalen Abgrundes mit nicht überschaubaren rechtlichen und vor allem auch finanziellen Folgen (Entzug der Führerscheines, Strafverfahren/Geldstrafen wegen Fahren ohne Fahrerlaubnis, Urkundenfälschung, Irreführung von Behörden…)

Ich rate Ihnen deshalb dringend davon ab, diesen gefährlichen Weg einzuschlagen. Überhaupt haben Sie solche krummen Dinger doch auch gar nicht nötig, denn mit dem Lesen des »Testknacker« haben Sie ja schon den ersten Schritt in Richtung positiver MPU und Führerschein getan. Und vielleicht hilft Ihnen das folgende Kapitel, Ihre letzten Zweifel auszuräumen und die Sache optimistisch anzugehen.

2 Aus der Sicht eines Betroffenen – von P. D. aus Nördlingen

Führerscheinentzug und anstehende MPU – eine Katastrophe? Nach der »Ernüchterung« und einer ersten oberflächlichen Bestandsaufnahme habe ich es damals vor ca. 2 Jahren wohl genau so empfunden. Wie konnte das nur passieren, wo ich mir doch so fest vorgenommen hatte, dass ich nichts trinke, wenn ich noch fahren muss?

Heute habe ich darauf eine Erklärung, und ich darf so viel vorwegnehmen: Der Weg zu dieser Erkenntnis war steinig und schmerzhaft, führte aber doch zu einem positiven Ergebnis.

Nachdem die juristische »Würdigung« meines Fehltritts abgehandelt war, ich die empfindliche Geldstrafe bezahlt hatte und wusste, dass mein Führerschein nun für zwölf Monate weg sein würde, plagten mich die kuriosesten Gedanken und Ängste. Mit Schrecken spürte ich, dass da ein zusätzliches Problem noch größeren Ausmaßes auf mich zu kam: Mein Gewissen hatte sich gemeldet! Denn da war doch eigentlich eine Vereinbarung mit mir selbst gewesen: dass ich wenig bzw. gar nichts trinke, wenn ich fahre!

So ein guter Vorsatz ist nun zwar nichts Schlechtes. Mir wurde aber klar, dass bloß dieser gute Vorsatz allein keine ausreichende Strategie für die Zukunft sein kann. Ich musste also weiter denken, und je mehr ich das tat, desto mehr musste ich mir eingestehen: Das Problem war nicht ein »Ausrutscher«, ein einmaliges Versagen des guten Vorsatzes – das eigentliche Problem ist der Alkohol selbst.

Ich machte mir klar, dass es der zunehmende Konsum von Alkohol war, der meine Vorsätze zunichtemachte. Und zwar nicht vorsätzlich, sondern unauffällig und schleichend. Kontrollverlust nennen das die Profis, und heute weiß ich, was damit gemeint ist. Eine schmerzhafte Erkenntnis mit der Folge, dass durch Selbstvorwürfe und Scham mein Selbstwertgefühl immer mehr schwand. Es soll ja Betroffene geben, die sich selbst aus dieser quälenden Situation befreien können. Ich konnte es nicht und habe mich deshalb entschlossen, professionelle Hilfe anzunehmen. Dabei habe ich übrigens auch noch eine andere frühere Einstellung über den Haufen geworfen: Mittlerweile schätze ich nämlich die Arbeit der Psychologen. Früher war mir diese Spezies, ehrlich gesagt, nicht ganz geheuer…

An den Führerschein bzw. die Wiedererteilung habe ich zunächst mal überhaupt nicht mehr gedacht. Die andere »Baustelle« hatte auf einmal einen viel höheren Stellenwert. Ich habe die Zeit ohne Führerschein genutzt, mich mit meinem Alkoholproblem zu beschäftigen und zu lernen, auf Alkohol zu verzichten. Das »kontrollierte Trinken« ist für mich jedenfalls nicht das richtige Mittel, um das Problem in den Griff zu bekommen, sondern nur der völlige Verzicht. Sicherlich muss das nicht jeder so radikal lösen. Wer es aber möchte und nur davor Angst hat, es nicht zu können, dem sei gesagt: Es ist möglich!

Als es dann an der Zeit war, meine Fahrerlaubnis neu zu beantragen, kam das Thema MPU auf. Im Bekanntenkreis und auch sonst gab es die wildesten Storys zum »Idiotentest«, und die herumgeisternden überdurchschnittlichen »Durchfallquoten« ließen Böses ahnen. Bei meiner Suche nach Hilfe zur Vorbereitung auf die MPU stieß ich auf das Buch »Der Testknacker bei Führerscheinverlust«. Die dort gegebenen Informationen haben mir viel von meiner Angst genommen. Ich habe mich gewissenhaft vorbereitet und die empfohlenen Tipps angewandt. Der wertvollste Tipp war für mich der Hinweis: »Immer bei der Wahrheit bleiben!« Nicht einfach, aber zielführend!

Die MPU lief exakt so ab, wie im Buch beschrieben. Ich hatte schnell das befreiende Gefühl, dass mir kein Gegner und kein Jurist gegenübersitzt, sondern jemand, der wissen wollte, wie die Situation in der Vergangenheit war, welche Verhaltensänderungen in mir abgelaufen sind und wie es heute um den Umgang mit Alkohol steht. Ich hatte nie den Eindruck, dass mir mein Fehlverhalten nach Gesichtspunkten von Recht oder Moral vorgeworfen und bewertet wird.

Nachdem ich den Rat mit der Wahrheit befolgt habe, musste ich nicht lügen, und das hat mir Stärke und Selbstbewusstsein gegeben. Meine anfängliche Nervosität hatte sich bald gelegt, und ich konnte die Fragen ohne Stress und ohne Angst vor Plausibilitätsdefiziten beantworten.

Es war weiter spürbar, dass die Gutachterin nicht die Absicht hatte, meine Unfähigkeit zu dokumentieren, sondern vielmehr bemüht war, die Bedenken der Führerscheinstelle mit ihrer objektiven Beurteilung der Dinge auszuräumen.

Alles in allem kann ich heute sagen, dass viel Phantastisches erzählt wird über die MPU und dass die Panikmache völlig unberechtigt ist. Ich bin heute der festen Meinung, dass diese Hürde für jeden zu nehmen ist, der seine eigene »Baustelle«

bearbeitet hat und seine Konsequenzen daraus gezogen hat. Das Ergebnis der MPU war in meinem Fall fast logischerweise positiv, und ich habe die Fahrerlaubnis wieder. Ich bin wieder mobil!

Um auf den Anfang zurückzukommen, kann ich heute sagen: Der Entzug der Fahrerlaubnis war für mich eine sehr einschneidende Maßnahme mit weitreichenden negativen Folgen. Eine Katastrophe war für mich aber nur die Erkenntnis meines Alkoholproblems – und auch das nur am Anfang. Denn letztlich war es die Chance für einen Neuanfang. Und das »Damoklesschwert« der MPU? Ich bin mir nicht sicher, ob ich ohne »drohende« MPU dahin gekommen wäre, wo ich heute bin: zufrieden, alkoholfrei, sorglos mobil. Vermutlich nicht. Rückblickend war der Führerscheinverlust, mit dem Gott sei Dank kein Personenschaden verbunden war, für mich also keine Katastrophe, sondern fast ein Glücksfall. Wobei ich mir aber durchaus angenehmere Glücksfälle vorstellen kann …

3 Freiwillige Untersuchung?

»Jetzt fängt er an zu spinnen, kein Mensch geht doch freiwillig zur MPU«, höre ich Sie schon sagen. Und Sie hätten Recht, wenn hier tatsächlich um eine freiwillige *MPU* ginge. Aber haben Sie sich schon mal überlegt, dass es vielleicht gute Gründe geben könnte, sich irgendwann mal freiwillig auf seine Fahrtauglichkeit untersuchen zu lassen? Sehr gut: Sie haben aufgepasst! Hier ist nun plötzlich von »Fahrtauglichkeit« die Rede, nicht mehr von der »Fahreignung«, um die es bei der MPU ging. Es geht also nicht um die Frage, ob Sie charakterlich geeignet sind zum Führen eines Kraftfahrzeuges (das hatten wir ja alles schon), sondern es geht um die Tauglichkeit: also gesundheitliche Einschränkungen, Reaktionsvermögen, Belastbarkeit und so.

»Kein Problem«, sagen Sie? Nun, auch damit befinden Sie sich in guter Gesellschaft. So, wie sich mehr als 90 Prozent aller deutschen Autofahrer für »gute« Autofahrer halten, so halten sich auch alle mehr oder weniger für uneingeschränkt fahrtauglich. Dabei gibt es vielleicht im Laufe Ihres – hoffentlich langen – Lebens durchaus einmal Anlass, das ein bisschen selbstkritischer zu sehen. Schwere, vielleicht chronische Erkrankungen (von denen Sie aber hoffentlich verschont bleiben), die Einnahme starker Medikamente, die Erholungsphase nach einer Operation, das Nachlassen der Leistungsfähigkeit mit fortschreitendem Alter – das alles können gute Gründe sein, sich selbst zu fragen: Kann ich uneingeschränkt und gefahrlos Auto fahren? Und was kann ich tun dafür, dass mir meine Fahrtüchtigkeit möglichst bis ins hohe Alter erhalten bleibt?

Wohlgemerkt: Es geht eben gerade nicht darum, dass Sie

den Führerschein abgeben sollen, bloß weil Sie kein junger Springinsfeld mehr sind und von allen möglichen Zipperlein geplagt werden. Dass man ab 65 generell den Führerschein abgeben sollte, wird höchstens im Sommerloch von ein paar Leuten gefordert, die wieder einmal in die Schlagzeilen kommen möchten. Es geht genau um das Gegenteil: Freiwilligkeit und Selbstverantwortung sind angesagt, damit Sie so lange wie möglich selber Auto fahren können. Und dafür können Sie sich Rat von Experten holen.

So bietet zum Beispiel TÜV SÜD unter dem Namen »Fitness-Check/KONDIAG« eine solche Untersuchung zur Fahrtauglichkeit an, die mit 185 Euro zwar nicht gerade geschenkt ist, aber Ihnen im Zweifelsfall wichtige Informationen geben kann, wie es um Ihre Fahrtauglichkeit steht und worauf Sie aufpassen sollten, damit alles im »grünen Bereich« bleibt. Wenn Sie Erkrankungen haben, dann bringen Sie zu so einer Untersuchung Ihre ärztlichen Unterlagen mit, die von einem Verkehrsmediziner angesehen werden. Im Anschluss daran werden einige verkehrspsychologische Leistungstests durchgeführt und eventuell eine Fahrverhaltensbeobachtung im realen Verkehr. Die ganze Untersuchung und vor allem das Ergebnis unterliegen natürlich der Schweigepflicht.

»Trotzdem ein Quatsch, den ich niemals brauchen werde, weil mir nichts fehlt«, sagen Sie? Na dann … empfehlen Sie's wenigstens denjenigen, die es Ihrer Meinung nach nötig haben …

Gute Fahrt!

Anhang

Die wichtigsten Begriffe zum Thema MPU

AAK – Abkürzung für Atemalkoholkonzentration

Abstinenzkontrollen – finden in der Regel durch kurzfristig angeordnete Untersuchungen des Urins (manchmal auch des Haars) auf Drogenwirk- oder -abbaustoffe statt. Auch Alkoholabstinenz kann so von speziellen Labors durch Nachweis des Abbaustoffes Ethylglucoronid (EtG) überprüft werden.

Amphetamin – Gruppe von hochwirksamen Anregungs- und Aufputschmitteln, die meist künstlich synthetisiert werden und denen keine natürlichen Wirkstoffe zugrunde liegen (vgl. auch Designer-Drogen). Amphetamin und Metamphetamin (Speed) unterliegen dem § 24a StVG und werden bei Drogenkontrollen im Straßenverkehr regelmäßig überprüft.

BAK – Abkürzung für Blutalkoholkonzentration

BASt – Abkürzung für Bundesanstalt für Straßenwesen. Sie ist u.a. die Aufsichtsbehörde für die Träger von Begutachtungsstellen für Fahreignung (medizinisch-psychologische Untersuchungsstellen). Sie nimmt die Akkreditierung für diese Untersuchungsstellen vor und kontrolliert in regelmäßigen Abständen, inwieweit die akkreditierten Untersuchungsstellen die Vorgaben erfüllen. Die BASt kontrolliert auch, ob die Untersuchungsstellen die Beurteilungskriterien sachgerecht anwenden, ob die Gutachten den Qualitätsanforderungen genügen etc.

Begutachtungs-Leitlinien – von der BASt herausgegebener und im Auftrag des Bundesministeriums für Verkehr erstellter Leitfaden zur Fahreignung. Fasst alle wichtigen Erkrankungen und Verhaltensauffälligkeiten zusammen und beschreibt in Leitsätzen die Gründe für Eignungsmängel und die Voraussetzungen für die Verkehrsteilnahme. Die Begutachtungs-Leitlinien für alle Gutachter verbindlich und dienen den Führerschein-behörden als Orientierungsrahmen.

Beurteilungskriterien – werden von der verkehrspsychologischen (DGVP) und der verkehrsmedizinischen Fachgesellschaft (DGVM) herausgegeben und regeln detailliert die Entscheidungskriterien für die Gutachter an den BfF. Sie sind als Grundlage für die med.-psych. Begutachtung für alle Träger verbindlich.

BfF – Abkürzung für Begutachtungsstelle für Fahreignung

BtmG – Abkürzung für Betäubungsmittelgesetz

BZR – Abkürzung für Bundeszentralregister. Dort werden sämtliche Vorstrafen und Erziehungsmaßnahmen von Personen registriert.

Cannabis – wissenschaftliche Bezeichnung der Hanfpflanze (cannabis sativa). Cannabis enthält den psychoaktiven Wirkstoff Tetrahydrocannabinol (THC), der als Cannabisharz (Haschisch), als Haschischpulver, als Cannabiskraut (Marihuana) oder als zähflüssiges Konzentrat (Cannabisöl) vermarktet wird. Je nach Herkunftsland und Farbe wird Haschisch mit »Handelsnamen« wie Grüner Türke oder Roter Libanese bezeichnet.

Codein – (= Methylmorphin) gehört zu den Opiaten. Findet sich als Dihydrocodein als Bestandteil in verschreibungspflichtigen Medikamenten, etwa zur Unterdrückung des Hustenreizes. Wird als Ausweichmittel von Opiatabhängigen benutzt.

Crack – (englisch crackle: knistern; bezogen auf das knisternde Geräusch während des Rauchens dieser Substanz) hoch wirksamer Kokainverschnitt (Kokainbase), der beim Rauchen direkt von der Lunge ins Gehirn gelangt. Crack wird meist geraucht (in speziellen Wasser- oder Glaspfeifen), aber auch gegessen oder intravenös injiziert. Weist extreme Suchtpotenz auf, da auf die Rauschphase ein stark depressives Stadium folgt und dann der Hunger auf den nächsten Trip kaum noch zu stillen ist.

de facto – den Tatsachen nach

de jure – dem Gesetz nach

Designer-Drogen – im Drogenlabor »gestaltete« (engl. design = entwerfen, gestalten), also gezielt abgewandelte Amphetaminderivate (DOC, MME u.v.a). die vor allem hergestellt werden, um das BtMG zu umgehen (nicht aufgelistete Stoffe). In der Anlage zum BtmG sind derzeit 206 solche Phetylamine und Tryptamine aufgeführt.

Ecstasy – Designerdroge (3,4-Methylendioxymethamphetamin, MDMA). Ecstasy erzeugt Wohlgefühl, ein Gefühl der Zuneigung für alle Menschen der Umgebung, vermehrte Energie (beliebt auf Technopartys) und bewirkt in manchen Fällen Halluzinationen. Häufiger Beigebrauch von Cannabis zum »Runterkommen«. Gefahr des Überhitzens und des Kreislaufzusammenbruchs, da die natürlichen Erschöpfungsgrenzen aufgehoben sind.

Ethylglucoronid (EtG) – ein Stoffwechselnebenprodukt von Ethanol, das ausschließlich nach dem Konsum von Alkohol gebildet wird.

FeV – Fahrerlaubnisverordnung (FeV)

Führungszeugnis – Das ist Ihr persönlicher Auszug aus dem Bundeszentralregister.

halluzinogen – Halluzinationen (Wahnvorstellungen) hervorrufend

Haschisch – ein Gemisch aus dem Harz, das von den weiblichen Blütenständen abgesondert wird, und den Hanfsamen

Heroin – Eine Opiumzubereitung (Diacetylmorphin), wirkt etwa dreimal so stark wie Opium. 1898 wurde Heroin von den Farbenfabriken Elberfeld (vormals Bayer) als Heilmittel (!) gegen Opiumsucht (!!!) entwickelt, weil man glaubte, Opiate, die direkt in die Blutbahn gelangen, wirken nicht so stark Sucht erzeugend wie jene, die traditionellerweise gegessen oder geraucht wurden. Heroin wurde 1898 als Hustenmittel auf den Markt gebracht.

KBA – Abkürzung für Kraftfahrtbundesamt. Es hat u.a. die Aufgabe, die »Verkehrssünderkartei« zu führen, jenes Register also, in welchem Ihre Punkte festgehalten sind, die Sie für mehr oder weniger grob verkehrswidriges Verhalten bekommen haben.

Kokain – Kokain ist ein Sucht erzeugendes Rausch- und Betäubungsmittel, das aus den Blättern des Kokastrauches gewonnen wird. Kokain erhöht Blutdruck und Puls und steigert die Wachheit und Aufmerksamkeit. Es wirkt leistungssteigernd und äußert sich in Form von Euphorie und Halluzinationen.

Leberwerte – gebräuchliche Bezeichnung der alkoholempfindlichen Laborwerte Gamma-GT, GPT und GOT. Die Werte sind vor allem bei längerfristig erhöhtem Alkoholkonsum verändert und zeigen einen krankhaften Prozess in der Leber an.

Leistungstests – im Rahmen der MPU durchgeführte, standardisierte Überprüfung grundlegender kognitiver Fähigkeiten, wie z. B. Konzentrations- und Reaktionsvermögen. Die Hirnleistungsfähigkeit kann z.B. nach chronischem Alkohol- oder Drogenkonsum auch ohne akuten Rauschmitteleinfluss nachgelassen haben. Überprüft werden nur die Leistungsbereiche, die für die sichere Verkehrsteilnahme erforderlich sind.

LSD – Abkürzung für Lysergsäurediethylamid; stark halluzinogene Droge, die traumähnliche Stimmungsänderungen, Denkstörungen und Veränderungen im Raum- und Zeitempfinden verursacht. Sie kann auch Zustände verringerter Selbstkontrolle und extreme Angst hervorrufen.

Marihuana – eine Mischung der Blätter, Triebe und Blütenstände aus dem oberen Bereich der weiblichen Hanfpflanzen

Morphium – Hauptalkaloid des Opiums, wird aus Rohopium gewonnen. In der Medizin als sehr wirksames Schmerzmittel seit 1827 kommerziell hergestellt.

MPI – Abkürzung für medizinisch-psychologisches Institut

MPU – Abkürzung für medizinisch-psychologische Untersuchung

Opium – Narkotikum, das aus dem getrockneten Harz der unreifen Kapseln des Schlafmohns gewonnen wird (auch Rohopium). Ausgangssubstanz für die Herstellung von Morphin und Heroin.

Speed – Szenename für Amphetamine

THC – Abkürzung für Tetrahydrocannabinol, der berauschende Wirkstoff im Cannabis

TÜV – Technischer Überwachungsverein. Die TÜV sind voneinander unabhängig und privatwirtschaftlich organisiert

TÜV SÜD Life Service – erster durch die Bundesanstalt für Straßenwesen akkreditierter Träger von Begutachtungsstellen für Fahreignung (akkreditiert seit 21.12.1999)

XTC – s. Ecstasy

Die wichtigsten MPU-Gebühren

Nach den im November 2008 geltenden Gebührenrichtlinien zahlen Sie für die verschiedenen Untersuchungsanlässe folgende Gebühren:

Untersuchungsanlass	netto	brutto
Alkohol	338,00 Euro	418,22 Euro
Drogen (inkl. Drogen-Screening)	466,00 Euro	570,54 Euro
Punkte/Verkehrsstraftaten	292,00 Euro	363,48 Euro
Alkohol + Punkte/Verkehr	484,00 Euro	591,96 Euro
Alkohol + Drogen	648,45 Euro	771,66 Euro
Drogen + Punkte/Verkehr	625,45 Euro	744,29 Euro

Wenn Sie zum vereinbarten Termin ohne triftige – gegebenenfalls bescheinigte – Entschuldigung oder rechtzeitige Absage nicht erscheinen oder von sich aus die Untersuchung abbrechen, so gilt Folgendes:

»Kann eine der unter den Gebührennummern 451, 452 und 454 genannten Untersuchungen ohne Verschulden der Begutachtungsstelle für Fahreignung und ohne ausreichende Entschuldigung der zu untersuchenden Person am festgesetzten Termin nicht stattfinden oder nicht beendet werden, ist die für die Untersuchung vorgesehene Gebühr fällig. Für die Fortsetzung einer derartig unterbrochenen Untersuchung ist eine Gebühr bis zur Hälfte der vorgesehenen Gebühr zu entrichten.«

Liste der medizinisch-psychologischen Untersuchungsstellen von TÜV SÜD Life Service und TÜV Hessen

BADEN-WÜRTTEMBERG

73430 Aalen
Stuttgarter Straße 6
Telefon: 07361 66430
Telefax: 07361 961740
eMail: mpi.aalen@tuev-sued.de

97980 Bad Mergentheim
Daimlerstraße 7
Telefon: 07931 9883-0
Telefax: 07931 9883-11
eMail: mpi.bad-mergentheim@
tuev-sued.de

72336 Balingen
Wilhelmstraße 34
Telefon: 07433 9682-0
Telefax: 07433 9682-20
eMail: mpi.balingen@
tuev-sued.de

73728 Esslingen
Berliner Straße 4
Telefon: 0711 396927-0
Telefax: 0711 396927-90
eMail: mpi.esslingen@
tuev-sued.de

79098 Freiburg
Bismarckallee 7f
Telefon: 0761 387710
Telefax: 0761 382289
eMail: mpi.freiburg@
tuev-sued.de

74072 Heilbronn
Bahnhofstraße 19-23
Telefon: 07131 59122-0
Telefax: 07131 59122-29
eMail: mpi.heilbronn@
tuev-sued.de

76133 Karlsruhe
Erbprinzenstraße 34
Telefon: 0721 913793-10
Telefax: 0721 913793-30
eMail: mpi.karlsruhe@tuev-
sued.de

68161 Mannheim
Kaiserring 10-12
Telefon: 0621 12607-20
Telefax: 0621 12607-77
eMail: mpi.mannheim@
tuev-sued.de

74821 **Mosbach**
Anton-Gmeinder-Straße
29
Telefon: 06261 9289-61
Telefax: 06261 9289-50
eMail: mpi.mosbach©tuev-
sued.de

77652 **Offenburg**
Okenstraße 18
Telefon: 0781 28938-0
Telefax: 0781 28938-8
eMail: mpi.offenburg@
tuev-sued.de

88212 **Ravensburg**
Friedhofstraße 9
Telefon: 0751 35948-0
Telefax: 0751 35948-48
eMail: mpi.ravensburg@
tuev-sued.de

78224 **Singen a. H.**
Erzbergerstraße 2
Telefon: 07731 996360
Telefax: 07731 996380
eMail: mpi.singen@
tuev-sued.de

70173 **Stuttgart**
Arnulf-Klett-Platz 3
Telefon: 0711 907118-10
Telefax: 0711 907118-33
eMail: mpi.stuttgart@
tuev-sued.de

72072 **Tübingen**
Europaplatz 5
Telefon: 07071 94258-3
Telefax: 07071 94258-58
eMail: mpi.tuebingen@
tuev-sued.de

89073 **Ulm**
Hirschstraße 22
Telefon: 0731 619851
Telefax: 0731 6020191
eMail: mpi.ulm@tuev-sued.de

BAYERN

63739 **Aschaffenburg**
Weißenburger Straße 38
Telefon: 06021 3094-0
Telefax: 06021 3094-22
eMail: mpi.aschaffenburg@
tuev-sued.de

86150 **Augsburg**
Halderstraße 23
Telefon: 0821 34329-0
Telefax: 0821 34329-12
eMail: mpi.augsburg@
tuev-sued.de

96052 **Bamberg**
Ludwigstraße 25
Telefon: 0951 2960598-0
Telefax: 0951 2960598-8
eMail: mpi.bamberg@
tuev-sued.de

95444 **Bayreuth**
Wittelsbacherring 10
Telefon: 0921 75995-51
Telefax: 0921 75995-55
eMail: mpi.bayreuth@
tuev-sued.de

94469 **Deggendorf**
Zieglerstraße 2 b
Telefon: 0991 2979-165
Telefax: 0991 2979-169
eMail: mpi.deggendorf@
tuev-sued.de

95032 **Hof**
Erlhofer Straße 75
Telefon: 09281 520-68
Telefax: 09281 520-62
eMail: mpi.hof@tuev-sued.de

85049 **Ingolstadt**
Pfarrgasse 6
Telefon: 0841 881357-0
Telefax: 0841 88137-19
eMail: mpi.ingolstadt@
tuev-sued.de

87435 **Kempten**
Bodmanstraße 4
Telefon: 0831 52154-0
Telefax: 0831 52154-18
eMail: mpi.kempten@
tuev-sued.de

84028 **Landshut**
Altstadt 362
Telefon: 0871 92364-0
Telefax: 0871 92364-19
eMail: mpi.landshut@
tuev-sued.de

87700 **Memmingen**
Donaustraße 1
Telefon: 08331 9250850
Telefax: 08331 4908694
eMail: mpi.memmingen@
tuev-sued.de

80336 **München Mitte**
Goethestraße 4
Telefon: 089 545428-30
Telefax: 089 545428-59
eMail: mpi.muenchen-mitte@
tuev-sued.de

90402 **Nürnberg**
Königstorgraben 7
Telefon: 0911 94467-0
Telefax: 0911 94467-67
eMail: mpi.nuernberg@
tuev-sued.de

94032 **Passau**
Ludwigstraße 2
Telefon: 0851 93138-0
Telefax: 0851 93138-28
eMail: mpi.passau@
tuev-sued.de

93047　**Regensburg**
Bahnhofstraße 13
Telefon: 0941 58677-0
Telefax: 0941 58677-19
eMail:　mpi.regensburg@
tuev-sued.de

83022　**Rosenheim**
Münchener Straße 27
Telefon: 08031 382067
Telefax: 08031 382060
eMail:　mpi.rosenheim@
tuev-sued.de

97421　**Schweinfurt**
Fischerrain 2
Telefon: 09721 54153-0
Telefax: 09721 54153-20
eMail:　mpi.schweinfurt@
tuev-sued.de

92637　**Weiden/Opf.**
Schillerstraße 13
Telefon: 0961 416311-0
Telefax: 0961 416311-1
eMail:　mpi.weiden@
tuev-sued.de

97070　**Würzburg**
Bahnhofstraße 11
Telefon: 0931 32136-0
Telefax: 0931 32136-20
eMail:　mpi.wuerzburg@
tuev-sued.de

HESSEN

64283　**Darmstadt**
Adelungstraße 23
Telefon: 06151 859393
Telefax: 06151 8593942
eMail:　ls.darmstadt@
tuevhessen.de

60329　**Frankfurt/Main**
Kaiserstraße 72
Telefon: 069 9788240
Telefax: 069 97882418
eMail:　ls.frankfurt@
tuevhessen.de

36037　**Fulda**
Bahnhofstraße 26
*(Schrift- und Telefonverkehr über
die Begutachtungsstelle von TÜV
Hessen in Gießen)*
Telefon: 0641 982290
Telefax: 0641 86476
eMail:　ls.fulda@tuevhessen.de

35390　**Gießen**
Alicenstraße 4a
Telefon: 0641 982290
Telefax: 0641 86476
eMail:　ls.giessen@tuevhessen.de

63450　**Hanau**
Daimlerstraße 5
*(Schriftverkehr über die Begut-
achtungsstelle von TÜV Hessen
in Frankfurt)*
Telefon: 0180 2883850
Telefax: 069 97882418
eMail:　ls.hanau@tuevhessen.de

35745 **Herborn**
Schloßstraße 20
(Schrift- und Telefonverkehr über
die Begutachtungsstelle von TÜV
Hessen in Gießen)
Telefon: 0641 982290
Telefax: 0641 86476
eMail: ls.herborn@
tuevhessen.de

34117 **Kassel**
Werner-Hilpert-Straße
25-27
Telefon: 0561 97915140
Telefax: 0561 97915141
eMail: ls.kassel@tuevhessen.de

34497 **Korbach**
Enser Straße 19
Schrift- und Telefonverkehr über
die Begutachtungsstelle von TÜV
Hessen in Kassel
Telefon: 0561 97915140
Telefax: 0561 97915141
eMail: ls.korbach@
tuevhessen.de

65189 **Wiesbaden**
Weidenbornstraße 1
(Schriftverkehr über die Begut-
achtungsstelle von TÜV Hessen
in Darmstadt)
Telefon: 0611 1888528
Telefax: 06151 8593942
eMail: ls.wiesbaden@
tuevhessen.de

NIEDERSACHSEN

29221 **Celle**
Trift 26
(Schriftverkehr über die Begut-
achtungsstelle von TÜV Hessen
in Hannover)
Telefon: 0180 2883870
Telefax: 0511 7122643
eMail: ls.celle@tuevhessen.de

30159 **Hannover**
Bahnhofstraße 4
Telefon: 0511 7122644
Telefax: 0511 7122643
eMail: ls.hannover@
tuevhessen.de

31134 **Hildesheim**
Bernwardstraße 11
(Schriftverkehr über die Begut-
achtungsstelle von TÜV Hessen
in Hannover)
Telefon: 0180 2883860
Telefax: 0511 7122643
eMail: ls.hildesheim@
tuevhessen.de

38440 **Wolfsburg**
Poststraße 1
(Schriftverkehr über die Begut-
achtungsstelle von TÜV Hessen
in Hannover)
Telefon: 0180 2883860
Telefax: 0511 7122643
eMail: ls.wolfsburg@
tuevhessen.de

NORDRHEIN-WESTFALEN

33602 **Bielefeld**
Feilenstraße 1
Telefon: 0521 3291162
Telefax: 0521 3291993
eMail: ls.bielefeld@
tuevhessen.de

32427 **Minden**
Simeonscarré 2
(Schriftverkehr über die Begut-
achtungsstelle von TÜV Hessen
in Bielefeld)
Telefon: 0180 2883860
Telefax: 0521 3291993
eMail: ls.minden@
tuevhessen.de

RHEINLAND-PFALZ

67655 **Kaiserslautern**
Bahnhofstraße 22
Telefon: 0631 30394-0
Telefax: 0631 30394-17
eMail: mpi.kaiserslautern@
tuev-sued.de

56068 **Koblenz**
Johannes-Müller-Str. 7
(Schriftverkehr über die Begutach-
tungsstelle in Frankfurt)
Telefon: 0180 2883850
Telefax: 069 97882418
eMail: ls.koblenz@
tuevhessen.de

54292 **Trier**
Theodor-Heuss-Allee 22
(über Bahnhof-
Apotheke)
Telefon: 0651 170499-0
Telefax: 0651 170499-17
eMail: mpi.trier@tuev-sued.de

SAARLAND

66111 **Saarbrücken**
Dudweilerstraße 2a
Telefon: 0681 37974-0
Telefax: 0681 37974-17
eMail: mpi.saarbruecken@
tuev-sued.de

SACHSEN

04103 **Leipzig**
Büttnerstraße 10
Telefon: 0341 21181-60
Telefax: 0341 21181-62
eMail: mpi.leipzig@
tuev-sued.de

02625 **Bautzen**
Wallstraße 14
Telefon: 03591 424 56
Telefax: 03591 326079
eMail: mpi.bautzen@
tuev-sued.de

09111 **Chemnitz**
Bahnhofstraße 12
Telefon: 0371 67527-0
Telefax: 0371 67527-27
eMail: mpi.chemnitz@
tuev-sued.de

01069 **Dresden**
Wiener Platz 6
Telefon: 0351 4941425
Telefax: 0351 4969201
eMail: mpi.dresden@
tuev-sued.de

01662 **Meißen**
Dresdner Straße 42
Telefon: 0151 11315145
Telefax: 0351 4969201

08056 **Zwickau**
Bahnhofstraße 68-70
Telefon: 0375 28250-7
Telefax: 0375 28250-8
eMail: mpi.zwickau@
tuev-sued.de

08523 **Plauen**
Klostermarkt 1
Telefon: 03741 28029-0
Telefax: 03741 28029-15
eMail: mpi.plauen@
tuev-sued.de

SACHSEN-ANHALT

06112 **Halle**
Ernst-Kamieth-Straße 11
Telefon: 0345 2093238-0
Telefax: 0345 2093238-9
eMail: mpi.halle@tuev-sued.de

THÜRINGEN

99817   **Eisenach**
Bahnhofstraße 31
Telefon: 03691 724890
Telefax: 03691 724899
eMail: mpi.eisenach@
tuev-sued.de

99099   **Erfurt**
Spielbergtor 12d
Telefon: 0361 6544069-0
Telefax: 0361 6544069-9
eMail: mpi.erfurt@tuev-sued.de

99423   **Weimar**
Fuldaer Straße 189
Telefon: 03643 494628-0
Telefax: 03643 494628-9
eMail: mpi.weimar@
tuev-sued.de

Liste der Kurse zur Wiederherstellung der Kraftfahreignung (§ 70 FeV) der TÜV SÜD Pluspunkt GmbH

DRUGS – Drogen und Gefahren im Straßenverkehr

Zielgruppe: Fahrer mit Begutachtungsanlass »Drogen«
Dauer: 15–24 Stunden (je nach Teilnehmerzahl)
Anzahl Termine: sechs, verteilt auf ca. fünf Wochen
Teilnehmer: 4–10

PLUS70 – Alkoholfrei Fahren mit dem PLUS

Zielgruppe: Fahrer mit Begutachtungsanlass »Alkohol«
Dauer: 12–16 Stunden
Anzahl Termine: vier, verteilt auf ca. drei Wochen
Teilnehmer: 4–12

REHA-PS – Rehabilitation verkehrsauffälliger Fahrer/ Punktefrei und sicher fahren

Zielgruppe: Fahrer mit Begutachtungsanlass »Verkehrsrechtliche/strafrechtliche Verstöße«
Dauer: 12–16 Stunden
Anzahl Termine: vier bis fünf, verteilt auf ca. drei Wochen
Teilnehmer: 4–10

Liste der akkreditierten Träger der TÜV SÜD Gruppe, die Kurse zur Wiederherstellung der Kraftfahreignung durchführen (§ 70 FeV)

TÜV SÜD Pluspunkt GmbH
Kurse: PLUS 70, REHA-PS, DRUGS
Telefon: 0800 3575757 (kostenfrei)
für alle Schulungsorte deutschlandweit
Internet: www.tuev-sued.de/pluspunkt

TÜV Hessen Consulting GmbH

Kurse: PLUS 70, REHA-PS, DRUGS
Telefon: Darmstadt 0180-2883810
          Frankfurt 0180-2883820
          Gießen 0180-2883830
          Kassel 0180-2883840
          (6 Ct. je Anruf aus dem Festnetz)
Internet: www.gomobil.de

Nützliche Links zu Informationsquellen im Internet (Auswahl)

www.bads.de
Bund gegen Alkohol und Drogen im Straßenverkehr

www.bast.de
Homepage der Bundesanstalt für das Straßenwesen, der Akkreditierungsstelle für die Begutachtungsstellen für Fahreignung

www.bmvbs.de
Bundesministerium für Verkehr, Bau und Stadtentwicklung; Alle Neuigkeiten in Sachen Verkehrspolitik und Gesetzeslage, z. B. zur Einführung der 0,0-Promille-Grenze

www.dvr.de
Der Deutsche Verkehrssicherheitsrat informiert z. B. über Kampagnen gegen Alkohol und Drogen im Verkehr

www.fahrerlaubnisrecht.de
Sehr guter Überblick über die gesamte Rechtslage zu MPU und Führerschein

www.fahrschule.de
Gute Informationsmöglichkeit z. B. zu Fahrschulen mit ASP-Seminarerlaubnis (»Punkteabbau«)

www.kba.de
Das Kraftfahrtbundesamt in Flensburg, die »Verkehrssünderkartei« bietet auch für den Bürger interessante Dienste an, z. B. eine Möglichkeit zur Abfrage des eigenen Punktekontos

Internetadressen (Auswahl) zur TÜV SÜD Gruppe gehöriger Dienstleister

www.tuev-sued.de/mpi
Homepage der TÜV SÜD Life Service GmbH (Begutachtungsstelle für Fahreignung, Kurs- und Beratungsangebote)

www.tuev-sued.de/pluspunkt
Pluspunkt GmbH (Kurse zur Wiederherstellung der Fahreignung nach §70 FeV, Kurse und Beratungen zur MPU)

www.tuev-sued.de/mpu-film
Hier ist exklusiv der MPU-Film zu sehen, der eine ganze MPU in Aufbau und Ablauf zeigt. Kommentiert von »Testknacker«-Autor Thomas Wagenpfeil.

www.tuev-hessen.de
TÜV Hessen stellt im Bereich »Life Service« seine Angebote als Begutachtungsstelle für Fahreignung dar.

www.gomobil.de
Homepage der TÜV Hessen Consulting GmbH (Kurse zur Wiederherstellung der Fahreignung nach §70 FeV, Kurse und Beratungen zur MPU)

Alle Inhalte des Buches geben den Stand vom November 2008 wieder. Sie sind sorgfältig nach den neuesten Informationen recherchiert worden. Irrtümer und zwischenzeitliche Änderungen sind natürlich möglich. Wir bitten Sie, Änderungen der hier angegebenen Daten oder einfach Irrtümer dem Autor mitzuteilen.

Thomas Wagenpfeil
TÜV SÜD
Westendstraße 199
80686 München
eMail: thomas.wagenpfeil@tuev-sued.de

Der Autor berät Sie exklusiv online unter:

thomas.wagenpfeil@tuev-sued.de

Register

**Mehr Sicherheit.
Mehr Wert.**